Bibliothèque de Philosophie scientifique

CH. JULLIOT

Docteur en Droit
Professeur à l'École de Psychologie

L'Éducation e la Mémoire

PARIS
ERNEST FLAMMARION, ÉDITEUR
26, RUE RACINE, 26

Bibliothèque de Philosophie scientifique *(suite)*

3° HISTOIRE GÉNÉRALE

ALEXINSKY (Grégoire), ancien Député à la Douma. La Russie moderne (8° mille).

ALEXINSKY (Grég.). La Russie et l'Europe (5° mille).

AVENEL (Vicomte Georges d'). Découvertes d'Histoire sociale (6° mille).

BIOTTOT (Colonel). Les Grands Inspirés devant la Science. Jeanne d'Arc.

BOUCHE-LECLERCQ (A.), de l'Institut. L'Intolérance religieuse et la politiqu (4°a.).

BRUYSSEL (E. van), consul général de Belgique. La Vie sociale (6° mille).

CAZAMIAN (Louis). La Grande-Bretagne et la guerre (5° mille).

CHARRIAUT. La Belgique moderne (8° m.)

CHARRIAUT (Henri) et M.-L. AMICI-GROSSI. L'Italie en guerre.

COLIN (J.), Lt-Colonel. Les Transformations de la Guerre (6° mille).

COLIN (J.) Lt-Colonel. Les Grandes Batailles de l'Histoire. De l'antiquité à 1913. (6° m.)

GENNEP. Formation des Légendes (5° m.)

HARMAND (J.), ambassadeur. Domination et Colonisation.

HILL, ancien ambassadeur. L'État moderne.

LEGER (Louis), membre de l'Institut. Le Panslavisme et l'Intérêt français (4°m.)

LICHTENBERGER (H.), professeur adjoint à la Sorbonne L'Allemagne moderne (14° m.).

LICHTENBERGER (H.) et Paul PETIT. L'Impérialisme économique allemand.

MEYNIER (Commandant O.), pr à l'École militaire de Saint-Cyr. L'Afrique noire (5° mille).

MICHELS (Robert). Professeur à l'Université de Turin. Les Partis Politiques.

MUZET (A.). Le Monde balkanique (5° m.).

NAUDEAU (Ludovic). Le Japon moderne, son Évolution (11° mille).

OLLIVIER (E.), de l'Académie française. Philosophie d'une Guerre (1870) (6° mille).

OSTWALD (W.), professeur à l'Université de Leipzig. Les Grands Hommes.

4° HISTOIRE DES DÉMOCRATIES

AURIAC (Jules d'). La Nationalité française, sa formation.

BATIFFOL (Louis). Les Anciennes Républiques alsaciennes.

BLOCH (G.), professeur à la Sorbonne. La République romaine (4° mille).

BORGHÈSE (Prince G.). L'Italie moderne (4° mille).

CAZAMIAN (Louis), m° de Conférences à la Sorbonne. L'Angleterre moderne (7° m.)

COLSON (C.), de l'Institut. Organisme économique et Désordre social (5° mille).

CROISET (A.), membre de l'Institut. Les Démocraties antiques (9° mille).

DIEHL (Charles), membre de l'Institut. Une République patricienne. Venise (6° m.)

GARCIA-CALDERON (F.). Les Démocraties latines de l'Amérique (5° mille).

LE BON (Dr Gustave). La Révolution Française et la Psychologie des Révolutions (13° mille).

LUCHAIRE J.) Dr de l'Institut de Florence. Les anciennes Démocraties italiennes.

PIRENNE (H.), Prof à l'Université de Gand. Les anciennes Démocraties des Pays-Bas (4° mille).

ROZ (Firmin). L'Énergie américaine (9° m.)

L'Education de la Mémoire

Bibliothèque de Philosophie scientifique

CH.-L. JULLIOT

DOCTEUR EN DROIT
PROFESSEUR A L'ÉCOLE DE PSYCHOLOGIE

L'Éducation de la Mémoire

PARIS

ERNEST FLAMMARION, ÉDITEUR
26, RUE RACINE, 26

1919

L'Éducation de la Mémoire

CHAPITRE I

Notions générales sur la mémoire et son éducation.

SECTION I

Comment fonctionne la mémoire.

**Mémoire naturelle et mémoire acquise.
Ce qu'en dit Cicéron. Son erreur.**

Il y a deux sortes de mémoires, disait Cicéron, la mémoire naturelle et la mémoire artificielle : *Sunt igitur duæ memoriæ, una naturalis, altera artificiosa... Quapropter et naturalis memoria præceptione confirmanda est, ut sit egregia.*

Il serait plus exact de dire qu'il y a de bonnes mémoires naturelles et de bonnes mémoires acquises, de même qu'il y a des individus vigoureux par tempérament et d'autres dont les muscles ont acquis cette vigueur par une éducation sportive appropriée.

L'erreur de Cicéron et de beaucoup d'autres à sa suite est, à mon sens, dans cette assertion que les bonnes mémoires acquises ne deviennent telles que par des moyens artificiels.

Nos amis et alliés, les Japonais, ont inventé une méthode de lutte corporelle, connue sous le nom de *jiu-jitsu*, qui consiste, d'une part, à acquérir de la vigueur physique et de l'endurance au moyen d'un entraînement méthodique et, d'autre part, à apprendre une série de coups, de trucs, tous plus perfides les uns que les autres, reposant sur une connaissance approfondie de l'anatomie et grâce auxquels on frappe toujours l'ennemi aux points vulnérables de son organisme.

Double moyen de perfectionner la mémoire : Éducation et recours aux procédés artificiels.

Il en est de même pour l'éducation ou la rééducation des muscles du souvenir, si je puis m'exprimer ainsi. La mémoire peut être perfectionnée ou rétablie soit par l'éducation, par l'entraînement direct de ses ressorts, soit par le recours à des procédés artificiels.

L'éducation directe est le propre des psychologues

contemporains. La mnémonique ou mnémonie ou mnémotechnie, c'est-à-dire, la recherche des procédés artificiels ou adjuvants de la mémoire fut l'apanage de l'antiquité et du moyen âge; elle refleurit vers le milieu du XIXe siècle et ensuite elle est complètement tombée en désuétude. Si l'on en reparle parfois, c'est pour la tourner en ridicule. Elle mérite mieux que cela cependant. Binet donne pour but à la mnémotechnie de substituer la mémoire des idées, comme il l'appelle, à la mémoire des sensations. La mnémotechnie ainsi définie lui paraît digne d'être relevée du « discrédit immérité » dans lequel elle est tombée de nos jours. Il en est surtout ainsi si l'on donne de la mnémotechnie la définition que propose M. Dugas : elle n'est pas, dit-il, l'art de cultiver la mémoire pour elle-même, en la prenant pour fin, en ne visant qu'à la fortifier ou à l'étendre, mais l'art d'en diriger l'emploi ou d'en faire un bon usage [1]. Il est une mnémotechnie,

1. *La Mémoire et l'oubli*, p. 271. — « Dans la mnémotechnie ainsi entendue, dit encore M. Dugas, rentre l'art d'oublier. En effet, cette forme de la sagesse humaine, qu'on appelle l'expérience, ne consiste pas moins à chasser de son esprit les détails oiseux, insignifiants et vains qu'à y fixer ceux qui comportent un enseignement et une leçon. Tout savoir serait presque aussi fâcheux que tout ignorer et c'est faire aux gens une égale injure de déclarer qu'ils n'ont rien appris ni rien oublié. La mémoire n'est pas une hotte; il

ajoute-t-il, qui est condamnée justement et sans retour, « c'est celle qui avait en vue la culture *formelle* de la mémoire, ou culture de la mémoire, considérée en elle-même, abstraction faite de son objet, mais demander compte à la mémoire de son emploi, la mettre au service de la science et de la raison, la réconcilier avec le jugement, c'est la replacer à son rang, lui rendre sa valeur et réhabiliter par là même l'art qui la cultive en ce sens et selon ces vues ».

C'est donc à tort que les partisans de l'éducation directe de la mémoire professent un si hautain mépris pour les adeptes de la mnémonique. Les résultats que l'on peut obtenir au moyen de cette dernière sont surprenants, tellement surprenants même, que bien des expériences charlatanesques célèbres l'ont discréditée. L'abus ne doit pas faire condamner l'usage. Qui ne connaît le problème du cavalier, consistant à acheminer celui-ci sur les 64 cases d'un échiquier en 64 coups, sans jamais repasser par la même case ? C'est un véritable casse-tête chinois, à l'occasion duquel il a été écrit par les joueurs d'échecs des traités entiers. La connaissance de l'alphabet numérique et l'étude des mots de liaison permettent cepen-

ne s'agit pas de la bourrer ou de la remplir, mais de faire le triage de ce qu'on y met ou, comme on dit si bien, de « l'orner ».

dant au premier venu de dicter, le dos tourné au jeu, les 64 combinaisons, soit 128 chiffres à la file, sans la moindre difficulté, après une heure ou deux d'étude[1]. C'est perdre son temps, direz-vous, parce que sans utilité ; c'est entendu ; mais ce qui n'est pas sans utilité, c'est d'apprendre à enchaîner les idées et les notions et d'en retenir l'ordre de déduction. C'est ce que vous saurez faire quand vous serez à même de dicter la solution du problème du cavalier, et c'est à la portée de tout le monde.

Intérêt de la question pour la rééducation psychique des blessés atteints de commotions cérébrales.

Il m'apparaît cependant qu'une prudente conciliation des deux méthodes donnerait un résultat satisfaisant, quelque chose, pour la lutte contre l'oubli, d'une efficacité comparable à celle du jiu-jitsu pour la lutte contre les malfaiteurs. Le moment est particulièrement propice pour entreprendre pareille tâche, notre époque étant malheureusement fertile en commotions cérébrales consécutives aux éclatements de projectiles et explosions de toutes natures. Les cas de perte partielle et parfois presque totale de la mémoire

1. *Infra*, p. 150

sont devenus tellement fréquents qu'il serait d'un intérêt national et même véritablement humanitaire, de ressusciter et de mettre à l'ordre du jour ces problèmes si délaissés de l'éducation et de la rééducation de la mémoire et, j'ajouterai, de l'attention, car ces deux facultés sont liées.

Aussi bien convierai-je à me suivre dans l'exploration de cet aride domaine tous ceux qu'anime le patriotique souci de contribuer à la rééducation psychique de nos blessés de guerre et tous ceux qui sont en situation de contribuer à la vulgarisation et à la diffusion des études psycho-physiologiques.

S'agissant des commotionnés de guerre, il importe toutefois de procéder avec une délicatesse de touche toute particulière. Ayant eu l'occasion d'interroger à cet égard le médecin-chef d'un centre de neuro-psychiatrie d'armée, celui-ci m'a fait la déclaration suivante : « Pour la rééducation de la mémoire chez les commotionnés, il ne m'a pas paru que la mémoire fût atteinte, sans qu'il y eût un trouble parallèle de l'activité générale ; du moins il en était ainsi chez ceux que j'ai vus. Rien n'indiquait chez eux la nécessité d'une rééducation de la mémoire. L'amnésie des faits de l'accident m'a paru à la fois définitive et favorable, car à la réveiller on aurait risqué de susciter à nouveau des accidents d'ordre émotif, générateurs d'une nouvelle période de confusion mentale. Il ne faudrait, je crois, intervenir que dans les cas d'une amnésie antérograde intéressant des notions d'instruction ou des connaissances professionnelles ». — C'est bien ainsi que je l'entends et rien que dans ce domaine il y aurait fort à faire [1].

Si, par une pratique intelligente nous prenions l'habitude de rappeler au jour les connaissances mises en réserve, dit Atkinson [2], nous donnerions à notre esprit un bienfaisant exercice; « nous augmenterions nos facultés de ressouvenir, élargirions le champ de nos connaissances utiles, développerions nos facultés de raisonnement, de comparaison, etc., et nous serions *mieux informés* sur une foule de sujets. La mise au jour de ces souvenirs emmagasinés nous forcerait à les classer, à les arranger dans un ordre convenable, à faire des comparaisons, des associations, à tirer des conclusions et à mettre en œuvre une foule de facultés mentales, ce qui se traduirait par le développement et la culture de notre esprit. Beaucoup d'entre nous ressemblent à des avares qui ont accumulé du métal précieux que jamais ils ne revoient ni n'utilisent ».

Utilisons donc ce métal précieux de la mémoire et nous développerons du même coup et notre

1. V. *Infra*, p. 19
2. *Le secret de la mémoire*, p. 94.

intelligence et notre volonté, et voyons ce qui a été fait et dit dans cet ordre d'idées depuis que l'humanité se plaint de sa mémoire — et y a de cela quelque temps.

Si puérils que soient ou puissent paraître certains précédés préconisés par les mnémonistes, je me ferai un devoir, ne serait-ce qu'à titre documentaire, de les rapporter tous. Tel petit moyen fera sourire les uns, qui servira très efficacement les autres; nous évoluons dans un domaine éminemment subjectif. Je demande instamment au lecteur de ne pas l'oublier au cours des développements qui vont suivre.

Avant de nous livrer à cette double étude de l'éducation directe et des procédés mnémoniques, il convient que nous donnions quelques indications sur le fonctionnement de la mémoire naturelle.

Fonctionnement de la mémoire naturelle.

Il ne rentre pas dans le cadre de cette étude de pénétrer dans les détails du fonctionnement physiologique, ni même psycho-mécanique de la mémoire. Des savants autorisés l'ont fait excellemment, mais sans se mettre d'accord. Je ne tenterai pas de concilier leurs théories. Qu'il me suffise de renvoyer aux travaux connus de M. Ribot,

Wundt, Sergi, Pitres, Paul Sollier, Van Biervliet, Arréat, Piéron, Dugas; il ne sera dit ici du fonctionnement même de la mémoire que ce qu'il est indispensable d'en savoir pour coordonner au point de vue pratique les règles de son éducation.

Se souvenir, se rappeler, reconnaitre.

Souvenir, mémoire, reconnaissance sont trois opérations parentes, mais qu'il importe de bien distinguer. Se souvenir désigne l'opération par laquelle des impressions précédemment enregistrées reparaissent dans le champ de la conscience sans effort de la volonté, par association d'idées, ressemblance, etc. [1]. Il y a dans l'opération du souvenir une part d'action purement physiologique, indépendante très souvent, même chez les personnes les plus intelligentes, de la moindre participation de leur intelligence ou de leur volonté. « Ce sera le cas où, sans que nous pensions ou voulions penser, juste à ce moment, à tel ou tel objet donné, la rencontre accidentelle sous nos yeux, à notre ouïe, sous un de nos sens quelconques, d'un autre objet semblable au premier ou le cours naturel de nos rêveries, par le retour d'une impression analogue, le fera revivre dans

1. Atkinson, *op. cit.*, p. 69.

notre esprit. Mais *le souvenir n'est pas la mémoire*. Le souvenir est la *résurrection d'une impression antérieure*. Cette résurrection se produira accidentellement, d'une façon plus ou moins heureuse et fréquente, suivant les conditions organiques de l'être. Mais si facilement et si souvent qu'il puisse se reproduire, il ne sera jamais possible de le confondre avec la *mémoire* qui est la faculté de *faire revivre* cette impression. Ces seuls mots *faire revivre* indiquent la part de notre volonté dans la mémoire[1]. »

L'opération de la mémoire consiste à se rappeler. Se rappeler, dit Atkinson[2], s'emploie pour désigner l'opération de la mémoire, par laquelle on ramène dans le champ de la conscience, *par un effort de la volonté*, une impression précédemment reçue. Alors que le souvenir est en apparence automatique, la mémoire est un acte volitif et s'accompagne souvent d'effort.

Reconnaître désigne l'opération par laquelle, lorsque nous voyons ou entendons quelque chose, nous constatons que nous l'avons vue ou entendue précédemment. Cette constatation peut n'être pas immédiate, mais être la résultante d'une réflexion. En pareil cas la mémoire enregistre deux

---

1. Rolin, *La Mémoire*, 1er fasc., p. 4. — *Compar.* Piéron, *L'Evolution de la Mémoire*, p. 280.
2. *Ub. supr.*

impressions distinctes de la chose, mais si, plus tard, nous nous apercevons de l'identité des deux impressions, elles se fondent en une [1].

Des trois opérations constitutives de la mémoire.

Pour que le jeu de la mémoire puisse s'exercer, il faut :

1° Un acte ou une perception originelle ;

2° La mise en réserve et la conservation de la notion acquise ;

3° L'évocation dans le champ de la conscience de la notion ainsi conservée.

Telles sont les trois opérations constitutives de tout acte de mémoire : perception, conservation, évocation.

Nous n'avons pas à examiner si cette division est purement analytique ou si elle correspond à une distinction assez réelle pour que l'on puisse dire, avec le Dr Paul Sollier[2], que la conservation des souvenirs se fait dans d'autres centres que la réception des impressions.

Qu'il nous suffise de dire qu'au point de vue de l'éducation et de la rééducation de la mé-

1. Atkinson, *op. cit.*, p. 69.
2. *Le Problème de la mémoire.*

moire, cette distinction importe au plus haut point.

Première opération de la mémoire :
La perception ou acquisition de la notion.

La première étape du souvenir, son acte de naissance, c'est l'acquisition de la notion, une impression, une idée, une sensation, une pensée. Il s'en faut de beaucoup que toutes les opérations de notre esprit et de notre sensibilité soient conscientes. Nous allons voir qu'il en va différemment, mais nous posons dès ici ce principe que seront seules capables d'évocation volontaire les notions qui auront été conscientes lors de leur acquisition. On peut se souvenir accidentellement de notions perçues dans des conditions d'inconscience plus ou moins relative ; on ne se rappelle volontairement que ce qui a été acquis consciemment.

Je ne m'étendrai pas davantage ici sur ce premier point, l'impression. Il est d'une importance capitale, mais il gagnera à être développé plus amplement un peu plus loin et je me contenterai de dire que la condition essentielle à une claire impression est l'attention, attention soit volontaire, soit suscitée et soutenue par l'intérêt.

Deuxième opération de la mémoire :
Conservation de la notion.

Nous venons de dire que les opérations de notre esprit ne sont pas toutes conscientes; il s'en faut en effet de beaucoup. On admet de nos jours que la conscience ne forme même qu'une partie restreinte de nos opérations mentales et Atkinson [1] prétend même que dans tout acte conscient il y a un arrière-plan de subconscience.

Quand vous vous promenez, vos yeux rencontrent une foule de visages; les uns vous frappent et restent dans votre souvenir, les autres n'y laissent aucune trace. Faut-il dire, avec les partisans de la théorie du subconscient, que tous ces visages ont laissé une impression subconsciente dans votre œil et que, sous l'influence d'un ébranlement approprié, leur souvenir pourra apparaître conscient [2]? Faut-il dire que tout est enregistré quelque part, dans ce qu'Atkinson appelle le grand

---

1. *Op. cit.*, p. 5.

2. P. Bourget parle quelque part d'un artiste peintre qui possédait la mémoire du monde extérieur au point de voir, lorsqu'il fermait les yeux, en relief et posés devant lui, à une distance d'un demi-mètre, tous les visages qu'il avait rencontrés dans la journée, avec une minutie infinie de détails. C'était bien là le record du subconscient.

entrepôt subconscient de l'esprit et que rien n'est jamais absolument oublié, les choses qui semblent oubliées depuis des années pouvant reparaître dans le champ de la conscience, lorsqu'elles y sont rappelées par quelque association d'idées, quelque désir, besoin ou effort et reparaissant parfois quand nous ne les cherchons plus?

Sous l'empire de la fièvre, des souvenirs, en apparence disparus, se mettent parfois à affluer. On cite le cas d'une servante illettrée, qui dans son délire se déclenchait et se mettait à débiter textuellement des pages entières de latin, de grec et d'hébreu qu'elle avait entendu réciter, à l'âge de neuf ans, par un clergyman, au service de qui elle se trouvait alors. On cite également le cas d'un garçon boucher déclamant des tirades de *Phèdre*.

On rapporte enfin des cas de personnes reconnaissant des lieux qu'elles n'avaient pas vus depuis leur toute première enfance[1].

On sait que parfois les agonisants, surtout lorsqu'il sont victimes d'accidents, repassent toute leur vie dans l'espace de quelques instants.

D'autres prétendent au contraire que la capacité mémorative est limitée, qu'un certain nombre de souvenirs seulement peuvent y trouver place et que de nouveaux sont parfois obligés, pour se

----

1. V. les exemples cités par Dugas, *Op. cit.*, p. 88.

loger, d'expulser les débris hors d'usage. Rien en effet, dit M. Piéron [1], ne permet de supposer que que plus on emmagasine de souvenirs, mieux ceux-ci se trouvent logés; on est plutôt amené à penser le contraire.

La vérité me paraît être dans la distinction faite par M. Dugas entre la mémoire brute et la mémoire organisée : « La mémoire brute ignore les sacrifices; elle a pour formule : *tout ou rien*. Elle peut sombrer entièrement, mais elle ne subit pas de déchet; entre l'oubli total et la conservation complète il n'y a pas de degrés. Le garçon boucher, capable de réciter une tirade de *Phèdre* dans un accès de fièvre cérébrale, ne sait plus un mot de la pièce quand la fièvre est tombée. Au contraire la mémoire organisée est un sauvetage partiel, intelligent des impressions du passé : elle laisse échapper et périr ce qui l'encombre, pour mieux assurer la conservation de sa cargaison précieuse. La mémoire brute ne sait qu'acquérir et entasser; la mémoire organisée fait un choix entre ses acquisitions et renonce judicieusement à ce qu'elle juge inutile; elle est l'art d'oublier joint à celui de retenir [2] ».

1. *Op. cit.*, p. 263.
2. Dugas, *op. cit.*, p. 83.

Troisième opération de la mémoire :
Évocation de la notion.

Quoi qu'il en soit, ainsi que le note M. Piéron, s'il est vrai qu'une conservation indéfinie de toutes les notions reçues n'ait rien de physiologiquement invraisemblable, pratiquement elle ne peut être prouvée : la conservation des souvenirs est indifférente ; ce qui importe, c'est leur efficacité.

Aussi bien, à quoi peuvent servir des notions qui ne sont pas susceptibles d'évocation volontaire et alors même que, dans des circonstances anormales, telles qu'une fièvre cérébrale, elles pourraient revenir dans le champ de la conscience, sous cette forme que M. Bergson appelle la mémoire pure et que M. Dugas [1] qualifie de réduplication de la sensation primitive ou mémoire brute. Sur cette question d'opportunité, les opinions sont encore divisées. Les uns, précisément les partisans de la capacité limitée

---

1. *Op. cit.*, p. 13. — L'enregistrement des sensations, dit Dugas, comporte deux degrés ou revêt deux formes : « Ou l'esprit absorbe les sensations, ou il les digère et en fait sa substance. Dans le premier cas, il y a enregistrement automatique et mémoire brute ; les sensations, quand elles se reproduisent, se reproduisent telles quelles et en bloc, *rudis indigesta moles*. Dans le second, il y a sélection et organisation des sensations, ou, d'un mot, perception et à la perception répond la mémoire véritable ou mémoire organisée ».

de la mémoire, ne veulent pas qu'on surcharge inutilement celle-ci. Les autres, de l'avis opposé, croient au bienfait de toute acquisition belle ou instructive. « Maintes impressions, reconnaît Atkinson, ne seront jamais ressuscitées soit par un effort volitif, soit involontairement, par association d'idées. Toutefois l'impression subsiste et se manifeste dans nos actes et dans nos pensées. Si nous pouvions pénétrer les profondeurs de l'esprit subconscient, nous y retrouverions toutes les impressions que l'esprit ait jamais reçues — l'enregistrement de toute pensée qui nous soit jamais venue — le souvenir de tous les actes de notre vie. Tout serait là, invisible, mais exerçant sur nous une influence subtile. Nous sommes ce que nous sommes aujourd'hui à cause de ce que nous avons pensé, dit, vu, entendu, senti et fait hier. L'homme est un composé de son passé. Pas une pensée, pas un acte, pas une impression de notre vie passée, qui n'ait eu son influence pour fixer notre état intellectuel et moral actuel. Nos opinions et pensées d'aujourd'hui sont grandement le résultat d'une longue succession de petites expériences dans le passé, oubliées depuis longtemps et qui ne reverront peut-être jamais le jour ».

Au demeurant, un fait reste donc acquis, c'est, comme nous l'avons déjà noté, que seules seront capables d'évocation volontaire les notions qui auront été conscientes lors de leur acquisition.

Pour conserver quelque chose, il faut le mettre en lieu sûr, dans un endroit approprié de cette mémoire que Plutarque appelait le « garde-manger de l'âme » et le surveiller d'une façon vigilante. Il faudra donc avant tout, mettre de l'ordre dans les notions acquises, les classer, leur assigner, autant que possible, une place et, pour bien les retenir, les associer à leurs voisines ; il faudra en un mot les organiser, comme le dit si justement M. Dugas, qui, établissant la distinction, qui nous est déjà connue, entre la mémoire brute et la mémoire organisée, rapporte le fait suivant[1] : « Un observateur délicat, Sterne, a remarqué qu'en Italie, il ne put parvenir à parler la langue du pays, quoiqu'il l'eût étudiée, et que son valet, encore adolescent, l'apprit en fort peu de jours, sans avoir, comme son maître, le secours de l'étude et la connaissance de la langue latine. Le jeune homme avait appris la langue par le côté matériel et l'homme mûr avait besoin d'en saisir le côté métaphysique, ce qui ne peut se faire qu'avec le temps. Mais, sortis de l'Italie, le maître conserva toujours le peu qu'il savait et le valet

1. Cité par Ad. Garnier. *Théorie des facultés de l'âme*, III, § V, d'après Walter Scott, *Notice sur Sterne*.

perdit tout son savoir aussi vite qu'il l'avait acquis ».

C'est la distinction que faisait, ajoute Dugas, cet acteur entre étudier un rôle et l'apprendre à la hâte.

M. Dugas rappelle très à propos les observations analogues faites récemment par le Dr Georges Dumas sur les blessés de la guerre [1]; celui-ci note chez eux une « amnésie rétrograde plus ou moins complète, de formes variables » : l'un a oublié son latin, l'autre, musicien, la notation musicale, un troisième l'orthographe. Si cette amnésie « paraît parfois capricieuse et supprime des catégories de souvenirs anciens, alors qu'elle en laisse subsister de plus anciens, c'est peut-être, dit-il, parce que nous avons des façons différentes d'apprendre et que les souvenirs sont plus ou moins bien enregistrés et plus ou moins faciles à évoquer suivant qu'ils relèvent de tel ou tel procédé d'acquisition. Quand Morel se souvient de l'allemand et de l'italien et oublie le latin qu'il sait depuis un temps plus long, c'est peut-être parce qu'il a appris le latin d'une façon rationnelle, comme on l'apprend d'ordinaire, par l'analyse des mots et des phrases, par la lecture attentive des textes, tandis qu'il a appris l'allemand et l'italien d'une façon automa-

1. Dumas, *Les troubles mentaux et la guerre*, dans la *Revue de Paris* du 15 juillet 1916.

tique, par l'oreille, pour des raisons d'ordre pratique et utilitaire. Ce qui permettrait, dans ce cas, la réapparition plus facile des souvenirs d'allemand et d'italien, ce serait le rôle considérable qu'a joué l'automatisme verbal dans leur acquisition ».

Rien de plus vrai, conclut Dugas. Si Dumas, observant les mêmes faits que Sterne, et les interprétant comme lui, aboutit cependant à des conclusions opposées, il n'y a rien là qui doive nous surprendre. Les deux mémoires distinguées par Dugas ont leurs procédés propres de conservation et d'évocation et, suivant le point de vue où l'on se place, suivant le genre de conservation ou d'évocation que l'on considère, celui-ci estime que l'une peut être déclarée supérieure ou inférieure à l'autre.

Mais il n'est pas suffisant de classer et d'associer. Le souvenir, ou plutôt le tissu des souvenirs associés, ne prendra de la consistance, tout comme les fibres d'un muscle, que par l'exercice, par la répétition, par l'habitude. La répétition est un acte tenant à la fois de la conservation et de l'évocation. On conserve en répétant et, en répétant, on prend l'habitude de l'évocation qui, à la suite d'un certain temps, obéit au moindre commandement de la volonté. Dans la répétition les intensités successives du fait mental se superposent et s'ajoutent, pour accroître la persistance mnémonique [1]. « La répétition, dit Bergson [2], a pour véritable effet de *décomposer* d'abord, de *recomposer* ensuite et de parler ainsi à l'intelligence du corps. Elle développe, à chaque nouvel essai, des mouvements enveloppés; elle appelle chaque fois l'attention du corps sur un nouveau détail qui avait passé inaperçu; elle fait qu'il divise et qu'il classe; elle lui souligne l'essentiel; elle retrouve, une à une, dans le mouvement total, les lignes qui marquent la structure intérieure. En ce sens un mouvement est appris dès que le corps l'a compris. »

Le tout n'est pas de répéter, il s'agit de répéter de façon réfléchie, de façon intelligente et non comme un automate ou un perroquet. Le mode pratique de répétition à préconiser fera ci-après l'objet de nos plus particulières préoccupations; mais dès maintenant écoutons ce que dit à cet égard M. Dugas [3] «... Après s'être donné le luxe et le plaisir de comprendre, il ne faut pas s'épargner la peine d'apprendre, c'est-à-dire de s'imprégner si bien de ce qu'on a compris, qu'il se présente de lui-même à l'esprit toutes les fois qu'il en est besoin, sans aucun effort d'attention expresse. Voilà comment, selon Pascal, il faut que la mé-

1. Compar. Piéron, *op. cit.*, p. 262.
2. *Matière et Mémoire*, p. 116.
3. *Op. cit.*, p. 290.

moire s'ajoute à l'entendement, pour constituer le savoir proprement dit. Nous pouvons encore résumer ceci dans une formule de Gustave Le Bon, qui a fait fortune, et dire : Il faut faire passer le conscient dans l'inconscient. La mémoire, en effet, c'est la raison passée à l'état d'inconscient, mais pouvant redevenir consciente ; c'est comme une lumière, non pas éteinte, mais dont on a baissé la flamme et qu'on peut toujours rallumer. »

Et puisque, aussi bien, nous parlons de ce travail inconscient de la mémoire, notons au passage le travail de maturation qui se fait par le simple effet du temps. On a remarqué que l'espacement des répétitions était avantageux. Il est plus profitable de lire plusieurs fois avec des intervalles, que plusieurs fois de suite. Ce qu'on relit une fois par semaine finit par s'incruster beaucoup mieux qu'au lendemain même de l'étude.

Ce travail de maturation se fait dans d'excellentes conditions pendant le sommeil. C'est une remarque bien connue que le travail commencé dans la soirée se poursuit pendant la nuit et tout le monde sait que la solution d'un problème vainement cherchée pendant toute une soirée surgit fréquemment dès le réveil, le lendemain matin.

« Un repos plus ou moins long, dit Sollier [1], est indispensable entre l'étude et le déploiement de la

1. *La Mémoire.*

mémoire : c'est un gage de succès pour tous, conférenciers, prédicateurs ou étudiants. Une leçon bien apprise le soir se remémore admirablement le lendemain, après un sommeil paisible et réparateur. Il semble que les cellules cérébrales aient besoin d'être abandonnées à elles-mêmes, après avoir subi l'initiation psychique, pour exécuter leur travail intime et préparer les innombrables matériaux qui sont nécessaires à l'exercice de l'intelligence. » — M. Flammarion cite à cet égard, de source anglaise, l'histoire d'un caissier qui, établissant sa balance de fin d'année et ayant constaté une erreur en moins, cherchait depuis plusieurs jours l'explication de ce déficit, quand, une nuit, il fit un rêve, se vit à son bureau, faisant un paiement à un individu, dont les traits lui revenaient en mémoire avec tous les détails d'un incident qui s'était passé huit mois auparavant. Réveillé, il se reporta à son registre journal et il constata que, effectivement, il avait oublié d'inscrire ce paiement.

Des différents types de mémoire :
Type visuel, type auditif, type moteur.

Rien n'est plus variable et plus différent que la mémoire chez les différents individus. Comme l'origine de la mémoire est une perception, il est

logique de l'envisager distinctement, selon que la
perception est reçue par tel ou tel sens. Il y a une
mémoire de la vue, une mémoire de l'ouïe, une
mémoire du geste, une mémoire du toucher, une
mémoire du goût et une mémoire de l'odorat.
Chacune de ces mémoires peut être naturellement
fine ou puissante ou le devenir par l'exercice. Il
paraît que c'est avant tout à l'hérédité que nous
devons les qualités caractéristiques .de notre
mémoire naturelle [1]. L'éducation fait le reste.

L'odorat se perfectionne chez le parfumeur, le
goût chez le dégustateur, mais ce sont là, chez
le commun des hommes, des sens d'un usage
moins répandu que les premiers ; aussi a-t-on coutume, quand on parle des différents types de
mémoire, de les classer en type visuel, en type
auditif et en type moteur. Cette classification tripartite a été proposée pour la première fois par
Charcot et elle a fait fortune. Charcot subdivisait
d'ailleurs le type moteur en moteur d'articulation,
qui s'aide en prononçant à haute voix et en moteur
graphique, qui recourt à l'écriture — on l'appelle
aussi type verbo-visuel. Un individu retiendra plus
particulièrement ce qu'il aura vu ; un autre conservera beaucoup mieux l'empreinte des sons ; un
troisième sera plus sensible à l'impression mus-

1. Van Biervliet, *Esquisse d'une éducation de la Mémoire*
p. 19 ; Piéron, *op. cit.*, p. 296, note 4.

culaire ou tactile, geste, mouvement ou contact.

Et chacun de ces types généraux est, répétons-le, susceptible d'une foule de subdivisions variant à l'infini.

Tel visuel retiendra mieux la forme, l'autre la couleur, le troisième l'éclat lumineux.

Tel auditif retiendra plus particulièrement le son de la voix; tel autre les nuances musicales; tel, comme Inaudi, les chiffres prononcés à haute voix, celui-ci les textes littéraires, prose ou vers, etc.

Tel moteur retiendra plus facilement les mots qu'il aura prononcés et bien articulés avec les muscles de la bouche et avec accompagnement de gestes; tel autre, les mots écrits de sa main; celui-ci aura une aptitude particulière pour les mouvements complexes de l'escrime, celui-là pour le maniement du pinceau, du burin ou pour le jeu des doigts sur le piano et sera d'une insigne maladresse pour les autres exercices des doigts.

Généralement la mémoire des doigts est l'accessoire d'une mémoire visuelle ou auditive. L'oreille a dressé la main du musicien; l'œil a dressé la main du sculpteur ou du peintre; mais il est des individus chez qui la mémoire motrice est tellement développée qu'elle peut en quelque sorte se passer du secours de l'œil ou de l'oreille, et on cite telles personnes d'une rare habileté sur le piano, qui sont douées d'une oreille des plus médiocres [1].

La mémoire motrice est donc inséparable de la mémoire visuelle et de la mémoire auditive ; pour la vue ou l'ouïe, à la mémoire de la rétine ou du tympan se joint la mémoire des muscles des yeux ou de l'oreille ; les images gravées dans la mémoire deviennent des représentations visuelles, motrices ou auditives-motrices [2].

L'expérience démontre que le type le plus répandu est le type visuel.

1. Comp. Piéron, *op. cit.*, p. 299.
2. Van Biervliet, *op. cit.*

SECTION II

Comment peut-on améliorer le fonctionnement de la mémoire.

Inutilité d'un entraînement pur et simple.

Les considérations générales ci-dessus nous étant connues, que peut-on faire d'utile pour l'éducation directe de la faculté mémorative?

Ce qu'on fait dans les méthodes actuelles d'éducation classique pour le développement de la mémoire est absolument illusoire.

Dans tout acte de fixation il faut, dit M. Van Biervliet, distinguer deux éléments : l'organe, centre nerveux, qui reçoit l'impression et les conditions dans lesquelles l'impression arrive à ce centre et dont la plus importante est le degré d'attention du sujet. A cet égard, note le même auteur, une impression se fixera d'autant plus profondément que le centre nerveux sera plus plastique; or, à ce point de vue, l'aptitude du système nerveux à retenir va en diminuant depuis l'enfance jusqu'à la mort. Si donc on n'envisageait que cette plasticité, il faudrait admettre que la mémoire est moins bonne à 30 ans qu'à 10; or il en va différemment, du moins quand il s'agit de choses intéressant le sujet, parce que celui-ci, à 30 ans, a une faculté d'attention plus puissante que celle de l'enfant [1].

Ceci posé, les observations concordantes de MM. Bourdon, Binet et Henri montrent que, malgré le travail opiniâtre imposé à la mémoire des enfants, la différence entre la mémoire des jeunes élèves et celle des élèves plus âgés est presque insignifiante, la mémoire restant à peu près stationnaire entre 8 et 20 ans et que, vers 30 ans, la mémoire est meilleure, malgré la cessation de tout exercice de mémoire depuis la fin des études classiques. C'est dire que ce qu'on fait dans les établissements d'enseignement comme entraînement de la mémoire est inutile, tel du moins qu'on le fait.

Efficacité d'une éducation méthodique.

Faut-il pour cela renoncer à éduquer la mémoire? — Non, assurément. S'il est vrai que l'on ne puisse pas éduquer la conservation des souvenirs, on peut éduquer la manière de s'y prendre pour fixer le souvenir. On apprend à apprendre, comme le dit M. Piéron; on apprend à travailler et le travail est le facteur principal de la mémoire,

1. Compar. Piéron, *op. cit.*, p. 313 et suiv.

mais encore faut-il travailler intelligemment au lieu de se comporter en vulgaires perroquets. Les perroquets ont du bon; ils ne méprisent pas la répétition, mais ils n'ont que cela de bon[1] et tout le reste constitue l'art d'apprendre.

Donc, ce que l'on peut faire d'utile pour l'éducation de la mémoire, c'est d'apprendre à acquérir les notions, c'est d'apprendre à les conserver, c'est enfin d'apprendre à les évoquer.

Pour apprendre à acquérir les notions, il faut viser à recevoir des impressions claires et vives; il faut perfectionner la faculté d'attention, en développant la volonté (attention volontaire) et en créant l'intérêt (attention naturelle).

Pour apprendre à conserver les notions, il faudra apprendre à y mettre de l'ordre, à les classer et coordonner[2], à localiser les souvenirs et à les

1. Encore convient-il de ne pas les imiter dans la façon de répéter; la répétition machinale est la plus déplorable des pratiques.

2. A Napoléon, qui lui demandait son secret pour conduire avec rapidité et aisance des affaires multiples, Lacépède répondait en riant : « C'est que j'emploie la méthode des naturalistes », mot, qui, sous l'apparence d'une plaisanterie, a plus de vérité qu'on ne croirait. Des matières bien classées, sont en effet, dit Cuvier « bien près d'être approfondies et la méthode des naturalistes n'est autre que l'habitude de distribuer dès le premier coup d'œil toutes les parties d'un sujet, jusqu'aux plus petits détails selon leurs rapports essentiels ». Ce qu'on appelle une grande mémoire n'est souvent ainsi qu'une tête bien ordonnée, qui range

associer entre eux, c'est-à-dire à les ligoter ensemble, pour les empêcher de prendre la fuite. En tout ceci l'intelligence et l'imagination joueront un rôle prépondérant.

Enfin, pour apprendre à évoquer les souvenirs, il faudra les répéter, les répéter d'une certaine manière et dans un ordre déterminé et aller toujours d'une notion à une autre, en passant par le même chemin, c'est-à-dire en suivant les mêmes réseaux associatifs de la pensée, qui deviendront ainsi des chemins rebattus, où l'esprit se conduira en quelque sorte les yeux fermés.

Voilà ce qu'il faut faire, mais la manière de le faire est des plus délicates.

La manière, tout est là en effet. On cite des mémoires extraordinaires qui devaient tout à l'intelligence et à la volonté. Ces mémoires peuvent exister, alors que le don de rétention est nul ou fort médiocre. Ainsi Fontenelle dit de Joseph Sauveur que « sa mémoire se refusait à tout ce qui n'est que pure mémoire et ne saisissait rien qu'avec le secours du jugement », au point qu'il renonça à concourir pour une chaire de mathématiques au Collège Royal, parce qu'il fallait

ses connaissances sous un petit nombre de chefs nets, bien arrêtés et simples, fussent-ils arbitrairement choisis. Les classifications des naturalistes peuvent être considérées, comme des systèmes mnémotechniques. Dugas, *op. cit.*, p. 185.

prononcer une harangue : « La difficulté de la faire et *plus encore celle de l'apprendre par cœur*, lui firent abandonner l'entreprise ». Cela ne l'empêchait pas d'avoir une mémoire étonnante pour les mathématiques [1].

Pendant sa philosophie, ajoute Fontenelle, il apprit en un mois et sans maître les six premiers livres d'Euclide. Il n'avait écrit aucun des traités qu'il dicta. Ces matières, qui *se lient par la raison et n'ont point besoin de mémoire, étaient si présentes à son esprit et si bien arrangées dans sa tête qu'il n'avait qu'à les laisser sortir.* Des copistes allaient écrire sous lui, pour vendre ses écritures [2].

Il s'agit donc ici, conclut Dugas, non d'une mémoire puissante, mais d'une tête bien organisée, où la force d'organisation suppléait et compensait le défaut de mémoire. Et il ajoute : « De telles mémoires, prodigieuses, si on considère la totalité des faits qu'elles embrassent, sont pourtant restreintes, voire même bornées, parce qu'elles sont exclusives. Leur spécialité est une des conditions de leur développement ».

1. Dugas, *op. cit.*, p. 181.
2. Fontenelle, *Eloges de l'Académie des Sciences*, cité par Dugas.

CHAPITRE II

Exposé des différents systèmes d'éducation de la mémoire.

SECTION I

De l'évolution historique du concept d'éducation.

De la mnémonique des Anciens.

Tout le monde se plaint de la mémoire, dit-on communément, et d'aucuns ajoutent très irrévérencieusement : personne ne se plaint de son intelligence. Tel était l'avis des Anciens, qui inventèrent la mnémonique, autrement dit l'art de suppléer à la mémoire par l'intelligence, de faire de la mémoire avec du raisonnement, quand les circonstances s'y prêtent, ou à défaut avec de l'ingéniosité.

La mnémonique d'autrefois nous apparaît

comme une chose surannée et parfaitement étriquée, quelque chose comme les modes de jadis. Mais au fait, les modes d'aujourd'hui ne seront-elles pas un jour les modes de jadis? Et cependant cette impression de ridicule est fondée.

La mnémotechnie était généralement quelque chose de puéril, de mièvre et quelquefois d'horriblement compliqué. Loin de moi l'idée de vouloir la ressusciter telle quelle.

On me permettra seulement, à titre documentaire, de retracer son histoire, qui est en somme un côté de celle de l'esprit humain. Chacun, selon sa tournure d'esprit, pourra, si bon lui semble, faire son profit de tel ou tel procédé; nous sommes ici dans un domaine éminemment subjectif, ainsi que je l'ai déjà noté; chacun peut donc seul être juge de ce qui convient à sa tournure d'esprit.

Pour retrouver les premiers vestiges de la mnémonique, il nous faut remonter au vi^e siècle avant l'ère chrétienne.

Il n'y avait alors ni machines à écrire, ni sténographes, pas même d'imprimeurs et de l'écriture à peine. Ce que nous demandons aujourd'hui à notre bloc-notes ou à notre Larousse, il fallait alors le demander à la mémoire, seule dépositaire de la science, qui se confondait elle-même avec la tradition orale. Il fallait en conséquence obtenir de cette mémoire son maximum de rendement et c'était alors une faculté primordiale. La fonction créant l'organe, cet organe, à qui l'on demandait beaucoup, était robuste et savait travailler : il n'avait rien de comparable aux mémoires étiolées de nos contemporains. Les bardes des temps les plus reculés parcouraient les campagnes et les cités, en récitant des tirades sans fin, qu'ils n'avaient jamais vues écrites nulle part, et dont l'Iliade et l'Odyssée ne sont que des fragments échappés aux naufrages du temps.

Tout le monde a remarqué l'extraordinaire précision avec laquelle, dans les campagnes, les vieux paysans, qui ignorent l'usage des montres et des pendules, savent toujours et à tout instant du jour ou de la nuit, quelle heure il est. Le soleil n'est pas leur seul cadran; la nuit, il leur ferait défaut. Ce qu'ils ont, comme l'avaient autrefois indistinctement gens des villes et des campagnes, c'est une faculté de plus que nous, ou tout au moins bien autrement développée que la nôtre, celle de compter le temps. Cette faculté, les horlogers l'ont tuée.

Les écrivains d'abord, puis les imprimeurs et les industriels du livre et de la papeterie ont commis le même attentat sur la faculté du souvenir. Ils ont rendu notre mémoire paresseuse et c'est tout juste aujourd'hui si les mieux doués parviennent à retenir les noms de leurs amis les plus intimes. Ne concluons pas à notre dégénérescence, mais simplement à la déchéance d'une faculté qui, avec tout notre arsenal épistolier et livresque, est devenue presque superflue.

Revenons aux Anciens. Indépendamment d'un exercice incessant de leur faculté mémorative, ils avaient à leur service toute une collection de procédés, de trucs plus ou moins ingénieux qui servaient d'adjuvants à leur mémoire déjà féconde naturellement et qu'ils ne nous ont légués qu'en partie, ce qui est regrettable.

Le plus remarquable de tous ces trucs et le plus réussi, puisqu'il s'est perpétué depuis Homère jusqu'à nos jours, ce fut l'invention de la versification. Loin de moi le noir dessein de médire de la poésie, mais le souci de la vérité historique m'oblige à dire que la versification, sinon la poésie, n'a été, au début, qu'un procédé mnémonique.

Pour ne pas laisser fuir le souvenir, on enserrait les phrases, qui en étaient représentatives, dans de petites mesures qu'on appelait vers; ces vers, on les groupait eux-mêmes en strophes et, pour qu'ils puissent mieux se mouvoir en soutenant tout le poids du souvenir, on les avait pourvus de pieds, syllabes longues et syllabes brèves, dactyles et spondées; puis on a inventé la césure; on a accouplé les vers deux à deux, au moyen des artifices de la consonnance au début, plus tard au moyen des rimes, autant de points de repère destinés à marquer le chemin parcouru, à l'instar des cailloux blancs du Petit Poucet.

Cela est tellement vrai que chez certains peuples primitifs, tels les Grecs du temps d'Homère, la rédaction des textes destinés à la tradition orale se faisait toujours en vers, la prose n'ayant fait que plus tard son apparition dans la plupart des littératures.

Au surplus, dans des temps moins reculés, n'a t-on pas vu rimer tout ce qui devait être retenu mot à mot ? N'a-t-on pas commis l'hérésie de mettre en vers la philosophie, l'histoire, la législation, la médecine, voire même les mathématiques ?

Et quels sont, parmi nos aînés, ceux qui n'ont pas conservé le plus désagréable souvenir du jardin des racines grecques ?

Ce qui, de nos jours, passe à juste titre pour puéril, avait sa raison d'être à l'époque où l'écriture était inconnue ou à peine usitée. C'est ce qui explique en quel honneur les Anciens tenaient la mnémonique et pourquoi les premiers vestiges de cet art se perdent littéralement dans la nuit des temps.

Il faut remonter, comme je l'ai déjà dit, au vi⁰ siècle avant J.-C., pour trouver l'origine d'un enseignement de la mnémonique. La forme primitive de cet art consistait dans l'association de notions nouvelles à retenir à des notions anciennes déjà acquises et connues. On associait par exemple les idées principales d'un discours à retenir aux différents monuments bien connus et familiers d'une place publique. C'est ce que l'on appelle la *mnémonie topologique* ou méthode des *localités* enseignée par Simonide de Céos, poète et philosophe et par Pythagore, le vulgarisateur en Grèce de la métempsycose.

Les Pythagoriciens tenaient, dit-on, la culture de la mémoire pour une des branches primordiales de l'éducation.

On offrit, paraît-il, à Thémistocle de lui enseigner la mnémonique. Il se garda bien de rire de cet art, mais tristement il répondit : « Apprendre à me souvenir !... Hélas, j'aimerais mieux apprendre à oublier ».

On a dit aussi qu'Aristote avait écrit un traité sur la mnémonique, mais cela n'est pas certain et d'aucuns trouvent même cela invraisemblable, car ce grand philosophe avait coutume de renvoyer, dans chacun de ses ouvrages, aux autres précédemment écrits et il n'est fait relation de ce traité dans aucune de ses œuvres. Ce qui est certain cependant, c'est que, dans son traité *de Anima*, Aristote pose la distinction qui sera développée plus tard par Cicéron, entre les emplacements et les images.

Chez les Romains, il convient de citer Cicéron comme un des plus fervents partisans de la mnémonique, de ce qu'il appelait l'*ars memoriæ*.

Il devait beaucoup, disait-il, à cet art et il en doit être ainsi pour les mémoires les plus ingrates comme pour les plus heureuses. Cicéron préconisait la méthode des localités et il y a consacré dans ses ouvrages [1] des développements si complets qu'on a pris l'habitude de considérer la méthode des localités comme étant la méthode de Cicéron, alors qu'elle remonte à Simonide et à Pythagore.

Cicéron parle d'un nommé Charmade d'Athènes et de Métrodore, son contemporain, comme ayant développé ce système de la mémoire topologique et aussi de ce qu'on appelle la mémoire symbolique : « J'ai vu, dit-il [2], des hommes d'un grand mérite et d'une mémoire prodigieuse, dans Athènes Charmade, en Asie Métrodore de Scepis [3], qui disaient l'un et l'autre qu'ils écrivaient avec des images, dans les places qu'ils avaient choisies,

1. V. notamment *L'Orateur*, liv. II; *Rhétorique* (à Herennius), liv. III.

2. *L'Orateur*, liv. II, n° 88. Trad. Andrieux.

3. La traduction de M. Andrieux contient une lacune. Le texte latin dit de Métrodore : *quem vivere hodie aiunt*, qu'on dit encore vivant.

tout ce dont ils voulaient se souvenir, comme nous écrivons sur la cire de nos tablettes ».

C'est que, dit-il, « la mémoire des choses est celle qui convient à l'orateur : nous pouvons la fixer par des tableaux bien faits, de manière que les images nous rappellent les pensées et les lieux ou places, leur ordre et leur rang ».

Quintilien parle, lui aussi, de la mémoire artificielle dans son chapitre *sur la mémoire*[1]. Il rappelle ce qu'en dit Cicéron et en expose à son tour, mais assez brièvement, le procédé. Il ne condamne pas cette méthode, il accorde qu'elle peut être quelquefois utile, mais il pense aussi qu'il se trouve des circonstances où elle est susceptible d'objections qu'il expose et qu'il regarde comme très fortes et même comme sans réplique. Cette méthode est moins propre, lui semble-t-il, à aider la mémoire qu'à la troubler et à l'accabler par un nouveau travail. Pour lui la meilleure de toutes les méthodes est encore un long et constant travail.

Mais Cicéron ne l'entend pas de cette oreille : « Rien, dit-il, n'est moins vrai que ce que disent les paresseux, que le poids des images surcharge et accable la mémoire et qu'il en résulte une obscurité qui fait perdre ce qu'on aurait déjà retenu tout naturellement ».

1. Quintilien, *Inst. orat.*, liv. XI, chap. II.

Selon Cicéron[1], ainsi que nous l'avons déjà noté, « il y a deux mémoires, l'une naturelle, l'autre artificielle. La mémoire naturelle est innée en nous et aussi ancienne que notre pensée. La mémoire artificielle tire sa force de la méthode, et des règles qui la dirigent. Dans les autres travaux de l'esprit, le talent, par sa seule force, peut obtenir les mêmes résultats qu'une étude réfléchie ; mais l'art fortifie et augmente les dons de la nature. Ainsi, quelquefois, la mémoire naturelle, lorsqu'elle est portée à un haut degré, rivalise avec la mémoire artificielle ; mais celle-ci conserve et accroît, par un ensemble de règles, les avantages que nous devons à la nature ».

Et Cicéron de conclure : « La mémoire naturelle a besoin d'être fécondée par des préceptes, pour obtenir tout son développement ; et les procédés de l'art n'ont de puissance que sur un esprit heureusement né. Il en est de cet art comme des autres ; c'est grâce au talent que les règles sont fécondes, c'est par l'étude que le génie se perfectionne. Aussi ceux qui sont doués d'une bonne mémoire trouveront-ils quelque avantage dans nos préceptes..... Que si cette puissance de faculté les dispense d'avoir recours à nous, notre travail a cependant un motif bien légitime, c'est de prêter

---

1. *Rhétorique* à Herennius, Liv. III, n° 16.

secours aux esprits qui n'ont pas des dispositions aussi brillantes ».

Pline le Jeune nous parle d'un certain Métrodore, auquel Cicéron, ainsi que nous l'avons vu, rend hommage lui aussi. Selon lui, Métrodore aurait fait prendre à la mémoire la forme d'un système scientifique.

Combien encore cependant était-il primitif dans sa simplicité! Et Quintilien avait l'audace de parler de complication. Le pauvre grand homme a bien fait de mourir au iie siècle de notre ère, car, s'il avait vécu de nos jours, qu'aurait-il pensé de complication de nos mnémonistes modernes ?

De la mnémonique au moyen âge.

Au moyen âge fleurissent un grand nombre d'ouvrages sur la mnémonique et il est à noter que certains d'entre eux étaient écrits dans une forme mystique et symbolique analogue à celle qu'employaient les alchimistes de l'époque, ce qui les rendait incompréhensibles pour tous autres que les initiés. A cette époque et même par la suite, on exigeait souvent des élèves le serment de ne rien divulguer des méthodes enseignées [1].

Au moyen âge, un nommé Raymond Lulles

1. Guyot-Daubès, *L'art d'aider la mémoire.*

construisit pour certaines parties de la philologie et de la poésie des tables synoptiques fondées sur les principes de la mnémonique et les scholastiques employaient, paraît-il, des tables du même genre. Cependant la mnémonique ne fit à cette époque aucun progrès. Ce fut, dit-on, au chancelier de la bibliothèque d'Oxford, à Thomas Brawardine, que revint l'honneur d'avoir conçu un système véritable, basé sur les principes des Anciens. Il aurait écrit un traité sous le titre d'*Ars Memorativa*, mais cet ouvrage ne fut jamais publié [1].

Au xve siècle, un nommé Publicius écrivit sous le même titre un ouvrage qui, ajoutant au système topologique, attacha aux idées non seulement les objets extérieurs les plus frappants, mais encore des images, des symboles; cela cesse d'être à proprement parler la mnémonie topologique pour devenir la mnémonie symbolique.

Publicius suscita une foule d'imitateurs, au nombre desquels Pierre de Ravenne qui, malgré ses graves fonctions de professeur de droit canon à Padoue, avait eu l'aimable pensée de remplacer les lettres de l'alphabet par des images de jeunes filles.

Dans ce même xve siècle, on peut retenir encore le nom de Conrad-Celtes.

---

1. Glaire, *Encyclopédie.* — Les renseignements qui suivent sont, en grande partie, empruntés à cet ouvrage.

Cependant, vers le même temps, Érasme, dans son colloque intitulé *Ars notoria*, rejette cet art comme illusoire et termine en disant qu'il ne connaît d'autre art, pour aider la mémoire, que l'amour du travail, la peine qu'on se donne et une application assidue. C'est ce qu'avait dit Quintilien et qui fut bien des fois répété depuis.

De la mnémonique dans les temps modernes.

Au xvi⁰ siècle paraît un traité[1] dont l'auteur, Rombery, de Kyrpse, non moins facétieux que le susdit professeur de droit canon, proposait toute une série d'alphabets et de grammaires symboliques des plus divertissants. Dans l'un de ces systèmes la grammaire cheminait sur toutes les parties du corps humain. Un homme nu symbolisait le singulier, un homme habillé, le pluriel. La tête était le nominatif, la main droite le génitif, la gauche le datif.

En 1554 paraît encore, dans le genre topologique, le *Castel de mémoire* de Guillaume Grataroli, de Bergame, ouvrage extrêmement rare, qui fut traduit en français par Etienne Cope et publié à Lyon en 1586.

Les systèmes se succédèrent alors, nombreux et

1. *Congestorium artificiosæ memoriæ.*

très divers, les uns topologiques, les autres symboliques, d'autres enfin s'inspirant des deux méthodes. La plus célèbre de toutes ces productions
bizarres fut le *Casophylacium artis memoriæ* de
Lambert Schenckel, de Bar-le-Duc, qui eut un
grand retentissement et suscita, à son tour, de
nombreux imitateurs. Cet ouvrage est si obscur
que, malgré la clef qu'en donne l'auteur, il est
demeuré incompréhensible pour nous.

M. Glaire qualifie à juste titre de manie la ten-
tendance des xvi⁰ et xvii⁰ siècles à tout mnémoniser. Ce fut une véritable avalanche de productions, toutes plus bizarres les unes que les autres
et d'une imagination véritablement déréglée; tous
ces livres voués à l'oubli sont tombés les uns sur
les autres, pour ne plus se relever. Il faut cependant faire exception pour l'*Art de mémoire* de
Marius d'Assigny, publié en 1697 et qui, au dire de
M. Glaire, contient d'excellentes réflexions, ainsi
qu'un grand nombre de recettes qu'un savant
espagnol, Feyjoo, a recueillies dans ses *Cartas
eruditas y curiosas* (Madrid 1781) et auxquelles il
a joint une mnémotechnie fondée sur la topologie.

Vers le même temps cependant, Rollin, dans
son *Traité des Études*, fulminait contre la mémoire
artificielle, dont il n'admettait pas que l'on fit
usage.

En 1719 le jésuite Claude Buffier publie une

Pratique de la mémoire artificielle, spécialement appliquée à l'histoire et à la géographie, mais son système était des plus imparfaits. Il se contentait d'enfermer les événements historiques ou les notions de géographie dans des vers techniques destinés à être appris mot à mot.

Au XVII° siècle apparut une méthode nouvelle de transformation des chiffres en articulations ou alphabet numérique, qui était appelée à un immense retentissement. On a prétendu que c'était à un Anglais du nom de Gray que revenait le mérite de l'avoir inventée et publiée dans un ouvrage intitulé *Memoria technica* (Londres, 1730)[1]. La vérité est que le procédé était bien plus ancien. Il paraît qu'il y a 2000 ans les anciens commentateurs de la Bible, avec l'intention de prévenir toute altération du texte des Écritures, se servaient déjà des facilités d'un alphabet numérique, pour inventorier, non seulement les chapitres et les versets, mais jusqu'au nombre des mots et des lettres qui se trouvaient dans chacun des livres sacrés[2].

Ce ne fut qu'en 1648 que ce procédé fut éclairci et développé sous une forme didactique par un certain Stanislas Mink Von Wenusheim ou Winkelman, dans un ouvrage publié à Magdebourg

---

1. On en a également attribué l'invention à Leibnitz, qui en a fait usage assurément, mais il faut remonter plus haut.
2. Rolin, *La Mémoire*, 2° fasc., p. 11.

sous le titre *Relatio novissima ex Parnasso de Arte Reminiscentiæ* [1]. C'est ce même système qui aboutira à sa forme définitive entre les mains d'Aimé Paris.

Comme on l'a constaté très justement, l'esprit philosophique qui s'empara des esprits à dater de la Régence et qui ne fit que croître et se propager sous l'impulsion des encyclopédistes, ne permit plus au xviii° siècle de continuer à s'occuper de ces puérilités. Mais le xix° prit sa revanche et la mnémotechnie redevint alors tellement à la mode qu'il est impossible de songer à énumérer toutes les productions qui virent alors le jour. Contentons-nous de constater avec M. Glaire que la topologie, le symbolisme et les chiffres s'amalgament et se combinent en cent manières dans tous ces nouveaux systèmes, qui ne diffèrent entre eux que parce que, des trois éléments dont ils se composent, c'est tantôt l'un tantôt l'autre qui prédomine.

Ce n'est pas qu'en France que cette rage sévit au xix° siècle, pour se poursuivre jusqu'au commencement du xx°. C'est également en Angleterre, en Allemagne et en Pologne.

En Angleterre, aujourd'hui encore, l'usage de la mnémotechnie est moins rare qu'en France, et Guyot-Daubès nous apprend que dans les grandes écoles, les collèges de Cambridge et d'Oxford, les élèves

---

1. Rolin, *loc. cit.*

emploient de véritables procédés mnémoniques, que les anciens transmettent aux nouveaux; mais il paraît qu'il est assez rare de voir la mnémonique enseignée comme méthode d'ensemble.

En Allemagne, l'étude de la mnémonique a pris de très bonne heure une place importante dans les études. Encore aujourd'hui l'étude et la pratique de la mnémonique y sont beaucoup plus répandues qu'en France et même qu'en Angleterre. La mnémonique joue un très grand rôle dans l'enseignement donné dans nombre d'établissements d'éducation, surtout dans les établissements libres[1]. C'est dans ces établissements surtout que l'on exige des élèves le secret sur les méthodes enseignées.

C'est un Allemand, de Feinaigle, qui, vers la fin du xviiie siècle, vint en France et, au commencement du xixe siècle, enseignant à Paris la mnémonique, rénova en France cet art oublié. Il demandait, paraît-il, fort peu de temps, trois louis d'or et le secret et l'on devait, à l'aide de son procédé, acquérir sans peine une facilité prodigieuse à apprendre et à retenir tout ce qu'on voulait. Peut-être, nous dit un de ses contemporains, mit-il un peu de charlatanisme dans son annonce; toujours est-il qu'il ne réussit pas, et que les Parisiens trouvèrent plus simple de se moquer de sa méthode que de l'étudier.

1. Guyot-Daubès, *op. cit.*

En Pologne, un nommé Michaloki a publié un recueil de matériaux qui ont servi à l'enseignement de l'histoire et du calcul par la méthode polonaise. Glaire nous apprend que, dans cette méthode, c'est l'emploi des nombres qui l'emporte et l'on dit qu'elle a été appliquée avec succès dans plusieurs écoles.

Sous le titre de *Méthode polonaise*, Jazwinski a imaginé un procédé mnémonique perfectionné plus tard par le Général Bem, lequel consiste à tracer un carré dit carré polonais, divisé en un plus ou moins grand nombre de cases, suivant les complications de la matière à étudier. Chaque case représente un fait ou une idée, et la mémoire reçoit de ce classement un secours à peu près analogue à celui que l'étude de la géographie prête à celle de l'histoire. Le carré polonais représentait par exemple un siècle d'histoire, dont chaque case figurait une année. Dans certaines de ces cases, on plaçait un jeton, un signe, un emblème ou un symbole, qui avait pour but de figurer un événement important de l'année correspondante. Ces symboles étaient parfois de couleurs différentes, pour frapper plus vivement la vue [1]. Il paraît que la méthode de Jazwinski, qui eut en France un succès inouï, aidait singulièrement pour la mémoire des dates. L'usage de ce procédé modi-

1. Germery, *La Mémoire*, p. 98.

llé sous le titre de *Méthode mnémonique franco-polonaise*, a été autrefois autorisé comme essai dans plusieurs écoles primaires.

En France, c'est Aimé Paris qui est proprement le père de la mnémotechnie. Mnémoniste, sténographe[1], musicien[2], et, de sa profession, avocat au Conseil d'Etat et à la Cour de Cassation, il publia, vers 1830, un ouvrage en deux volumes intitulé *Principes et applications de la mnémotechnie*, qui eut un immense retentissement, tira à un grand nombre d'éditions et est encore aujourd'hui le bréviaire des mnémonistes. Il contient un exposé très complet de la méthode des chiffres et de la méthode des localités.

Vers la même époque, les frères Castilho faisaient paraître un *Traité de mnémotechnie*, qui eut également plusieurs éditions. Ces deux frères, dont l'un était docteur en médecine de la faculté de Paris et l'autre officier de la marine portugaise, ont émerveillé leurs contemporains en exécutant en public des tours de mémoire aussi extraordinaires dans leur genre que, de nos jours, ceux d'Inaudi dans un autre domaine.

Parmi nos contemporains, ou plutôt parmi nos

1. A. Paris est l'inventeur d'une méthode de sténographie, qui compte encore aujourd'hui quelques rares adeptes.

2. A. Paris est, avec Galin, le vulgarisateur du système de la musique en chiffres ou *méloplaste*.

aînés il faut citer l'abbé Moigno se rattachant à l'école d'Aimé Paris ; il a fourni de très nombreux travaux sur toutes sortes de branches de l'enseignement et notamment sur les langues vivantes et mortes et sur l'histoire.

L'abbé Moigno devint, paraît-il, grâce aux procédés artificiels, d'une science vertigineuse. Il pouvait, disait-il, répondre instantanément à quelque chose comme dix mille questions d'un grand intérêt.

On raconte que l'abbé Moigno, très lié avec l'illustre astronome Arago, se plaisait à étonner celui-ci par son érudition. Un jour, Arago se vantait de savoir imperturbablement les 16 premiers chiffres du rapport de la circonférence au diamètre. — Que vous êtes mal tombé, maître, lui répliqua Moigno ; je sais le rapport de la circonférence au diamètre avec 128 décimales [1]. Arago l'arrêta, presque courroucé.

---

1. Peut-être serait-il suffisant aux mathématiciens les plus avisés d'en connaître les 30 premières décimales. Voici un quatrain d'une médiocre valeur dédié à Archimède, qui fut le premier mathématicien ayant donné une valeur approchée au fameux rapport π :

> Que j'aime à faire apprendre un nombre utile aux sages !
> Immortel Archimède, artiste, ingénieur,
> Qui de ton jugement peut priser la valeur ?
> Pour moi ton problème eut de pareils avantages.

En totalisant les lettres de chaque mot on obtient la suite des chiffres cherchés 3,14159265358979323846264338327

A notre époque, il convient de citer l'abbé Chavauty, élève d'Aimé Paris et de Moigno, auteur de l'*Art d'apprendre*, d'une *Revue de mnémotechnie* et d'applications très variées aux diverses branches de l'enseignement et notamment à la géographie et à l'études des langues.

Aimé Paris était l'homme des formules; M. Chavauty, lui, est l'homme des tables de rappel; il en fait une application judicieuse, mais vraiment un peu trop exclusive et non moins abusive; il est inventeur d'un système d'une grande complexité, sur lequel je reviendrai.

L'abbé Chavauty a eu son heure de célébrité, il y a une vingtaine d'années. Un de ses élèves se présenta un jour comme l'inventeur d'une méthode, dite suggestive, au directeur d'une institution très connue des Parisiens pour la préparation aux examens du baccalauréat; il passa contrat avec lui pour l'instruction de ses élèves, après avoir eu le soin de faire hommage de sa méthode au ministre de l'Instruction publique et avoir obtenu de lui deux rapports où l'éloge de l'ensemble s'associait à des critiques de détail[1]. Les progrès réalisés par les élèves, grâce à la méthode suggestive, dépassèrent, paraît-il, toutes les prévisions et le directeur de l'institution se plaisait à affirmer que la moyenne des succès obtenus aux examens était

---

1. *La Libre Parole* des 3 déc. 1893 et 12 janv. 1894.

de 88 °/₀, alors que cette moyenne n'était que de 46 °/₀ pour les élèves des lycées et collèges, quand il apprit que l'abbé Chavauty réclamait la méthode comme sienne et tenait le professeur pour un plagiaire. D'où rupture du contrat entre le chef d'institution et le professeur, procès, intervention de l'abbé et jugement reconnaissant la contrefaçon.

A citer encore parmi les travaux contemporains l'*Art d'aider la mémoire* de Guyot-Daubès, et *Comment je sais mes dates*, de Ch. Richard, le premier travail se recommandant par la clarté de son exposition et son souci d'éviter la complication et le second par une louable ingéniosité dans l'art de composer des vers représentatifs des renseignements historiques et biographiques et contenant tout à la fois une idée adéquate au fait relaté et à la date de celui-ci.

Citons enfin, parmi les travaux modernes, ceux de Pick et de G. Rolin; mais s'ils font appel aux procédés de la mnémotechnie, ils visent davantage encore à l'éducation directe des ressorts de la mémoire et, à ce titre, ils méritent de figurer à la rubrique, à laquelle nous allons arriver, *des essais d'éducation directe*.

Tel est le bilan de la mnémotechnie, un art aujourd'hui complètement désuet. Même au temps de sa splendeur, il faut en convenir, ce ne fut

qu'un assemblage de procédés; cela n'a jamais
été une méthode rigoureuse. Et cependant j'estime
qu'il y a quelque chose de véritablement sérieux
à tenter dans ce domaine de l'éducation de la
mémoire et je souhaiterais, au profit de nos malheureux soldats atteints de commotions cérébrales,
de voir reprendre ce problème sur des bases véritablement scientifiques.

« La mélodie, disait Choron,. est une suite
de sons qui s'appellent. » De même, remarque
très justement Rolin, la mémoire est une suite
d'expressions qui s'appellent. L'idéal serait d'in-
venter quelque chose d'analogue à ces tables
d'harmonie des pianos, dans lesquelles, quand on
touche une corde, toutes les autres se mettent à
vibrer. Il faudrait trouver le clavier de cette table
d'harmonie. Vous frapperiez une touche, deux
touches, trois touches et vous verriez les faits, les
idées, les raisonnements répondre à cet appel
volontaire.

Comme on l'a dit très justement, la mémoire
ne serait plus alors la pourvoyeuse indisciplinée
de l'association des idées : elle deviendrait l'outil
précis de l'inférence. Rolin a déjà beaucoup fait
dans cet ordre d'idées. La véritable orientation est
trouvée, mais il reste à la perfectionner.

Des essais d'éducation directe.

Je n'aurai garde de terminer cet exposé sans citer les essais d'éducation directe de la mémoire qui se sont fait jour dans la période contemporaine.

A cet ordre d'idées se rattachent les travaux assez peu connus et déjà anciens du Dr Pick, auteur d'un ouvrage intitulé : *De la mémoire et des moyens rationnels de l'améliorer*, ouvrage complètement introuvable aujourd'hui, mais dont il existe un exemplaire au British Museum. Le Dr Pick a professé à Londres comme mnémoniste; il enseignait bien quelques procédés artificiels, mais il prétendait surtout recourir à des moyens rationnels de développer la mémoire naturelle.

C'est dans ces dernières années M. Georges Rolin qui s'est fait en France le vulgarisateur de la méthode de Pick et nous ne la connaissons que par lui. Dans la méthode Pick-Rolin on repousse les tables de rappel, on prend aux méthodes anciennes les liaisons analogiques et la transformation des chiffres en articulations. Pour le surplus on développe l'attention et la vivacité d'impression. De toutes les méthodes, c'est de beaucoup la plus recommandable.

Parmi les travaux modernes publiés sur l'éducation directe de la mémoire, il n'est possible, à ma connaissance et en dehors des travaux de Rolin déjà cités, de mentionner que l'*Esquisse d'une éducation de la mémoire*[1] de M. Van Biervliet, professeur de psychologie expérimentale à l'université de Gand, *Le secret de la mémoire* de M. Atkinson, et *La Mémoire* de M. Germery, d'une observation psychologique très fine[2].

Ces auteurs, sont loin d'être d'accord sur tous les points. Ils diffèrent notamment quant à leur opinion sur la valeur des méthodes artificielles. Atkinson pense que, si séduisantes qu'elles soient au premier abord, elles ont un défaut commun, quand on veut les appliquer à quelque étude; c'est qu'elles se compliquent tellement qu'elles embrouillent la mémoire, au lieu de la développer, et nécessitent, dans leur application, plus d'efforts intellectuels qu'il n'en faudrait pour retenir la chose directement.

M. Van Biervliet et Germery sont d'un avis opposé. En dehors des moyens naturels d'augmenter

1. M. Van Biervliet est l'auteur d'un ouvrage plus important intitulé *La mémoire*.

2. V. aussi : Piéron, l'*Evolution de la mémoire*; Henri, *Education de la mémoire*, année psychologique, 1902, t. VII, p. 1 à 8; Larguier des Bancels, *Les méthodes de mémorisation*, année psychologique, 1902, t. VIII, p. 184 à 203; H. J. Watt, *The Economy and Training of Mémory*.

la mémoire, Van Biervliet estime que l'on aurait grand tort de ne pas tirer parti des moyens artificiels. « Sans doute, dit-il, ceux qui auront appris à regarder retiendront plus aisément que d'autres les formules, les noms, les séries de chiffres, les dates qu'ils lisent. Ceux qui seront exercés à écouter retiendront mieux les dates, formules, etc., qu'ils entendront rappeler en classe ou ailleurs. Mais, dans tous les cas, les uns comme les autres devront faire des efforts considérables pour fixer dans leur mémoire des données abstraites, de sèches énumérations, des nombres, etc. On accuse avec raison le « par cœur » de nuire au développement intellectuel, mais il est des cas où, semble-t-il, le par cœur pur et simple ne saurait être évité. Eh bien! il y a moyen de faire intervenir l'intelligence précisément là où le travail imposé à la mémoire est le plus aride»; et ce moyen, auquel M. Van Biervliet conseille de recourir, c'est la mnémotechnie.

Je partage entièrement l'avis de M. Van Biervliet et j'estime qu'il ne faut pas être exclusif, qu'il faut savoir tirer parti des méthodes artificielles aussi bien que des moyens naturels de la mémoire. On ne recourra aux premières que quand les seconds seront insuffisants et rien n'empêchera même d'en user concurremment. C'est ce que faisaient Pick et Rolin.

C'est dans cet esprit que j'aborde l'examen non plus historique et chronologique, mais critique et analytique, d'abord de la méthode d'éducation naturelle, pour passer ensuite en revue les principales catégories de procédés artificiels.

SECTION II

Exposé critique des différents systèmes d'éducation de la mémoire.

---

§ 1. — Méthode directe d'éducation.

Les partisans de la méthode directe d'éducation de la mémoire tendent, ainsi que je l'ai déjà noté, à enseigner à ceux qui veulent s'y soumettre, à accomplir scientifiquement les trois opérations de la mémoire naturelle que nous avons décrites *supra* p. 11 et suiv., autrement dit, ils enseignent le moyen de s'y prendre pour acquérir des notions précises et claires, pour les conserver et pour pouvoir, à volonté, les évoquer.

Cette division tripartite va me servir de plan.

I° ACQUISITION DES NOTIONS.

Pour posséder quelque chose, le conserver et s'en servir utilement, il faut d'abord l'acquérir. Cette acquisition de la notion est l'opération fondamentale et primordiale. Il faut acquérir des notions claires et des impressions vives. A cet effet il faut avant tout combattre la distraction, développer l'attention volontaire et favoriser l'attention naturelle en créant l'intérêt.

La distraction est la cause principale du manque ou de l'infidélité de la mémoire. Mais il y a deux façons d'être distrait : on peut être distrait par impossibilité de fixer son attention ou parce que, voulant faire deux choses à la fois, l'esprit, absorbé par une pensée, cesse de commander aux sens et aux mouvements en vue de l'accomplissement d'un acte. Tel est le cas célèbre de Newton qui, voulant un jour faire cuire un œuf à la coque, jeta sa montre dans la bouilloire et contemplait gravement l'œuf resté dans le creux de sa main.

Tel est encore le cas d'Ampère qui, prenant le dos des fiacres pour des tableaux noirs, y crayonnait des équations et se lançait à leur poursuite quand ceux-ci se remettaient en marche.

Il faut donc avant tout penser à ce que l'on fait. Quand on cuit un œuf à la coque, il faut penser à ses casseroles et non pas aux étoiles. Rappelez-vous l'aventure de l'astronome de La Fontaine. Quand on se promène, il faut laisser sa tête dans son cabinet de travail et surtout ne pas emporter de craie dans ses poches.

C'est une erreur de croire que l'on peut porter son attention sur plusieurs choses à la fois. On demandait un jour à un homme remarquable par son érudition, son éloquence et sa connaissance des affaires, comment il avait acquis tous ces avantages : « En étant, répondit-il, tout entier à ce que je faisais au moment donné[1] ».

La vérité, dit Bain, « c'est que l'esprit humain ne peut faire attention qu'à une seule chose à la fois, quoiqu'il puisse déplacer son attention très rapidement et ainsi embrasser deux choses ou plus, tour à tour ».

C'était le cas de Napoléon dictant plusieurs lettres en même temps. On ne fait bien en réalité qu'une seule chose à la fois. Vouloir en faire plusieurs, dit Granville, c'est se livrer à une sorte d'exercice de trapèze volant mental, dans lequel l'exécutant fait souvent une terrible chute et peut être définitivement estropié.

Il faut donc avant tout ne faire qu'une seule chose à la fois, si indigne que paraisse être l'occupation présente d'accaparer la totalité de nos facultés intellectuelles.

Il faut lutter contre la distraction et cultiver l'attention; obligez-vous à être à ce que vous faites. Tant que vous serez incapable de suivre une conversation ou un cours sans penser à autre chose, vous serez incapable d'avoir une bonne mémoire.

1. Germery, *La Mémoire*, p. 37.

L'attention, je l'ai déjà dit, peut être spontanée, naturelle ou bien volontaire, artificielle [1].

La première, selon Ribot, est la forme véritable, primitive, fondamentale de l'attention. La seconde n'est au contraire qu'une imitation, un résultat de l'éducation, du dressage, de l'entrainement. Selon Rolin, au contraire, c'est cette dernière qui est l'agent supérieur de la mémoire et le plus efficace. Il met bien au-dessous l'attention intéressée, ce qu'il appelle la vivacité d'impression, d'autant inférieure à la volonté que, dans la nature des choses, elle dépend moins de nous-mêmes que de circonstances accidentelles. Seulement, dit-il, ces circonstances accidentelles, de même qu'un bon photographe, outillé conformément aux plus récents progrès, supplée à l'insuffisance de jour par la lumière artificielle, un bon mnémoniste peut les faire naître et c'est ce qu'il s'efforçait d'enseigner à ses élèves.

Comment donc peut-on faire pour développer l'attention naturelle et augmenter ainsi sa puissance? La puissance de l'attention dépend, ainsi que l'enseigne Ribot, de deux facteurs qui peuvent se renforcer l'un l'autre ou se suppléer, l'intensité et la durée. « La durée seule, dit-il, arrive au même résultat par accumulation : quand, par exemple, à la lumière de plusieurs étincelles

1. Ribot, *Psychologie de l'Attention.*

électriques, on déchiffre un mot ou une figure. »
A ce titre la répétition, dont nous parlerons tout à l'heure, n'est qu'un renouvellement d'impression et on s'explique ainsi comment, à force de répétitions, des enfants finissent par retenir des choses qui les ennuient et auxquelles ils ne comprennent rien.

Quant à l'intensité d'impression, Ribot considère qu'elle peut également suppléer à la durée. Une femme, dit-il, voit en un clin d'œil la toilette entière d'une rivale.

L'intensité d'impression a toujours pour cause des états affectifs, plaisir, peine ou passion. Un homme incapable, par hypothèse, d'éprouver du plaisir ou de la peine serait, dit Ribot, incapable d'attention.

C'est en développant ou en créant ces états affectifs que l'on peut s'ingénier à augmenter la vivacité d'impression. On raconte qu'un jeune paysan, ne pouvant jamais se rappeler la situation du champ paternel, se vit un jour traîner par l'oreille devant la borne du champ et que, là, l'auteur de ses jours lui administra un tel soufflet que le malheureux gosse ne trouva rien de mieux à répondre que ces mots : « Ah ! je m'en souviendrai ! »

Sans vouloir suggérer de recommandations dans cet ordre d'idées, il est permis de constater que la vivacité d'impression s'accroît lorsque vient se mettre de la partie une passion quelconque, idée de lucre, ambition, émulation, orgueil, ou encore lorsqu'il est fait appel au bon cœur, au dévouement, à la philanthropie. Si un sujet d'étude vous ennuie, proposez-vous de faire une conférence ou un livre sur la matière et je vous garantis que le succès ou le profit que vous en escompterez vous rendra attentif.

C'est tout le secret des concours qui donnent à l'étude de choses arides l'aiguillon de la lutte, à l'issue de laquelle se trouve une récompense ou un châtiment. Soyez assez ingénieux pour donner à vos études ou à celles de ceux que vous avez à diriger, un attrait ou un intérêt. Donnez des livres d'images aux enfants, au lieu de textes arides; voyez le côté plaisant des choses graves; dites-vous que les choses ennuyeuses ne vous paraissent telles que parce que vous ne les comprenez pas ou pas suffisamment. On s'intéresse toujours aux choses que l'on approfondit, parce que les progrès rapides servent de stimulant.

Un moyen tout à fait intéressant de corser la vivacité d'impression nous est donné par certains auteurs, notamment par Van Biervliet qui invoque comme concluantes les expériences de MM. Münsterberg et Bigham. Ce moyen consiste à recourir à la *multiplicité des images coexistantes*. Nous avons vu que dans chaque individu un certain sens prédomine. Il faut toujours s'en servir, mais ne pas s'en servir exclusivement : l'auditif ne doit pas se contenter de lire des yeux le texte à apprendre; il doit s'écouter, le lire tout haut.

Le visuel doit écrire ce qu'il entend, et s'il est sténographe, l'écrire de préférence en sténographie, car j'ai remarqué que ces symboles, simples et synthétiques, se gravent bien mieux dans la mémoire visuelle que les caractères de l'écriture usuelle, lesquels n'ont pas de physionomies propres.

Le moteur d'articulation devra, s'il s'agit de mots ou de phrases, les articuler très distinctement et le moteur graphique les écrire ou les sténographier; s'il s'agit de musique, se la mettre dans les doigts, et s'il s'agit d'arts plastiques, exercer sa main à la reproduction de l'image.

Mais on a remarqué que si, au lieu de laisser simplement pénétrer l'impression dans la conscience par la porte où elle se présente ou même par la porte la plus largement ouverte de l'entendement, on la fait pénétrer simultanément par le plus grand nombre de sens possible, elle s'implante d'une façon beaucoup plus vive et durable dans la place ainsi investie. Il se forme ce qu'on appelle des images-couples.

C'est pour cela qu'un discours entendu se grave

mieux dans la mémoire que le même lu dans un livre. La mimique de l'orateur perçue par l'œil s'ajoute à la perception auditive.

C'est pour cela qu'un livre orné d'illustrations laisse toujours dans l'esprit un souvenir plus durable et qu'un travail appuyé de schémas est toujours profitable.

C'est également ce qui dans l'enseignement des langues fait la supériorité de la méthode directe, dans laquelle le mot français est remplacé par l'image de l'objet. « On se trouve ainsi dans la situation de l'enfant qui apprend à parler : on lui montre un objet, en lui faisant connaître le nom [1]. »

Des expériences très concluantes ont été faites dans cet ordre d'idées; nous empruntons à cet égard les développements suivants au remarquable petit livre de M. Germery [2]. Dans ces expériences on se sert, dit-il, de ce qu'on appelle le « test ». Les *tests* sont des systèmes de lettres, chiffres ou signes, au moyen desquels on étudie les lois d'évanouissement ou de conservation plus ou moins durables, plus ou moins parfaites des traces mnémoniques.

Les meilleurs tests sont, paraît-il, ceux de 6, 7, 8 chiffres, 6, 7, 8 lettres, 5, 6 mots.

1. Germery, *La Mémoire*, p. 93.
2. *Op. cit.*, p. 46.

Pour les chiffres on construit un petit tableau composé, par exemple, de six chiffres répétés neuf fois, en prenant bien soin de ne pas répéter deux fois le même chiffre dans la même colonne soit longitudinalement, soit horizontalement, pour éviter toute influence étrangère qui fausserait l'expérience.

Soit le tableau suivant :

```
1 . 7 . 6 . 2 . 9 . 8
3 . 1 . 5 . 6 . 7 . 9
9 . 5 . 1 . 8 . 2 . 4
4 . 3 . 7 . 1 . 5 . 6
7 . 4 . 8 . 5 . 6 . 2
2 . 8 . 9 . 3 . 4 . 5
8 . 2 . 4 . 9 . 1 . 3
6 . 9 . 2 . 4 . 3 . 7
5 . 6 . 3 . 7 . 8 . 1
```

On se propose de rechercher le degré d'exactitude avec lequel le sujet se rappellera chaque rangée de chiffres, quand il en aura pris connaissance par chacune des trois méthodes : auditive, visuelle, verbo-visuelle. Voici le résultat, que nous donne M. Germery, des enquêtes qu'il a poursuivies :

Méthode auditive : On prononce chaque rangée de chiffres et le sujet transcrit aussitôt :

```
1 . 6 . 7 . 2 . 9 . 8        interversion.
3 . 1 . 5 . 6 . 7 . 9        exact.
5 . 9 . 7 . 1 . 8 . 9 . 4    interversion et addition.
4 . 3 . 7 . 1 . 5 . 6        exact.
7 . 4 . 8 . 5 . 6 . 2        exact.
2 . 8 . 9 .   . 4 . 5        omission.
8 . 2 . 4 . 8 . 1 . 3        substitution.
6 . 9 . 2 . 4 . 3 : 7        exact.
5 . 6 . 3 . 7 . 8 . 1        exact.
```

Méthode visuelle : En passant à la méthode visuelle, on recommande, pour plus de précaution, de changer les chiffres déjà employés dans la méthode précédente. Soit le tableau suivant :

```
6 . 9 . 2 . 4 . 3 . 7
8 . 2 . 4 . 9 . 1 . 3
4 . 3 . 7 . 1 . 5 . 6
9 . 5 . 1 . 8 . 2 . 4
2 . 8 . 9 . 3 . 4 . 5
7 . 4 . 8 . 5 . 6 . 2
5 . 6 . 3 . 7 . 8 . 1
1 . 7 . 6 . 2 . 9 . 8
3 . 1 . 5 . 7 . 6 . 9
```

On transcrit chaque rangée de chiffres dans le sens horizontal, bien entendu — sur autant de petits cartons de même dimension, que l'on présente aux yeux du sujet pendant deux secondes chaque fois.

M. Germery a trouvé :

```
6 . 9 . 2 . 4 . 3 . 7        exact.
8 . 2 . 4 . 9 .  .           omission.
4 . 3 . 7 . 1 . 3 . 6        altération.
9 . 5 . 1 . 8 . 2 . 4        exact.
2 . 8 . 9 . 4 . 4 . 5 . 3    altération et addition.
7 . 4 . 8 . 5 . 6 . 2        exact.
5 . 6 . 3 . 7 . 8 . 1        exact.
1 . 7 . 6 . 2 . 9 . 8        exact.
3 . 1 . 5 . 6 . 7 . 9        interversion.
```

Méthode verbo-visuelle : Enfin, pour expérimenter sur la mémoire verbo-visuelle, on construit un autre tableau différent des deux autres :

```
3 . 5 . 2 . 4 . 6 . 9
1 . 6 . 3 . 2 . 9 . 5
4 . 7 . 8 . 9 . 5 . 1
7 . 8 . 1 . 5 . 2 . 4
9 . 1 . 7 . 8 . 4 . 2
2 . 4 . 6 . 3 . 7 . 8
8 . 9 . 5 . 1 . 3 . 6
6 . 2 . 4 . 7 . 8 . 3
5 . 3 . 9 . 6 . 1 . 7
```

Le sujet lit à haute voix et écrit immédiatement les chiffres.

Dans ce cas, M. Germery a obtenu :

$$3 . 5 . 2 . 4 . 6 . 9 \qquad \text{exact.}$$
$$1 . 6 . 3 . 2 . 9 . 5 \qquad \text{exact.}$$
$$4 . 7 . 8 . 9 . 5 . 1 \qquad \text{exact.}$$
$$7 . 8 . 1 . 7 . 2 . 4 \qquad \textit{altération.}$$
$$9 . 1 . 7 . 8 . 4 . 2 \qquad \text{exact.}$$
$$2 . 4 . 6 . 3 . 7 . 8 \qquad \text{exact.}$$
$$8 . 9 . 5 . 1 . 3 . 6 \qquad \text{exact.}$$
$$6 . 2 . 4 . 7 . 8 . 3 \qquad \text{exact.}$$
$$5 . 3 . 9 . 6 . 1 . 7 \qquad \text{exact.}$$

Ainsi, conclut M. Germery, une seule erreur, et dans toutes les expériences qu'il a faites, les deux premiers types de mémoire ont pu donner des résultats différents suivant les tempéraments, mais toujours la méthode verbo-visuelle a été la plus complète, la plus parfaite. Et cela se comprend, comme le dit Arréat[1], nos sens s'additionnent l'un à l'autre, pour former l'image psychique. Tout le monde est d'accord sur ce point et Atkinson formule la règle ainsi : Dans l'étude ou l'investigation d'un sujet ou objet, employer le plus de facultés possible.

Pour retenir un texte, que vous soyez visuel, auditif ou moteur, contemplez-le donc des yeux, articulez-le très distinctement avec votre bouche

____

1. *Mémoire et imagination.*

et écoutez-vous le lire avec toutes les intonations voulues.

Si l'on vous montre une variété de rose nouvelle, contemplez sa couleur qui, dans votre mémoire visuelle, rappellera des couleurs déjà connues et s'y associera ; sentez-la : son odeur réveillera chez vous d'autres images olfactives déjà déposées dans votre souvenir ; cette nouvelle sensation « contractera des adhérences avec le groupe des images-souvenirs olfactifs et désormais, en dehors même des images visuelles, une impression olfactive pourra faire renaitre l'image de la rose ».

Si, outre la couleur et l'odeur, vous remarquez les contours de la fleur, son attitude générale, si vous mettez de la partie le sens tactile, en promenant vos doigts sur les pétales frais et soyeux, vous aurez déposé autant de souvenirs concomitants dans vos différents centres psychiques et, comme ces souvenirs seront réunis entre eux par un lien naturel de contiguïté dans l'espace et dans le temps, il y aura chance pour que ces divers souvenirs se prêtent une aide mutuelle. Et M. Van Biervliet de conclure : Plus il y aura de sens à enregistrer une même impression, plus celle-ci sera vive et durable.

Il importe, dans ces conditions, d'exercer tous nos sens à fournir le maximum d'attention et c'est alors œuvre de la volonté ; nous entrons ici dans le domaine de l'attention volontaire.

Pour développer l'attention visuelle, pour apprendre non seulement à regarder, mais à voir, Atkinson propose un certain nombre d'exercices très bien compris qui seront relatés *infra* p. 144 et suiv.

2· CONSERVATION DU SOUVENIR

Nous l'avons dit, pour conserver ses souvenirs, il faut y mettre de l'ordre, et se les assimiler : il faut d'abord les classer, les coordonner et localiser, les soumettre enfin à une observation minutieuse et les associer ensemble.

A ce titre, il nous faut dire un mot de la classification, de l'observation, de l'imagination et de l'association, dont la localisation est une forme particulière.

L'ordre, en toutes choses, amenant avec lui la méthode et la classification, est profitable à toutes les opérations intellectuelles.

Il faut savoir mettre chaque chose à sa place, chaque souvenir en lieu sûr, pour aller l'y chercher les yeux fermés comme un livre dans une bibliothèque. « Quand je veux interrompre une affaire, disait Napoléon, je ferme son tiroir et j'ouvre celui d'une autre. Elles ne se mélangent point.... »

Chez Cuvier, dit Alphonse de Candolle[1] la mémoire était aussi basée sur l'esprit de classification et il citait à ce soutien une anecdote : son père, disait-il, le félicitant un jour de sa grande mémoire, Cuvier lui répondit : « Mais c'est tout simple; n'avez-vous pas en quelque sorte dans la tête un arbre dont les branches représentent les sciences et les rameaux leurs subdivisions? Quand un fait se présente, je le suspends à sa place, et alors je le retrouve s'il le faut ».

Cuvier avait si bien cette faculté à son commandement qu'il pouvait écouter une discussion, et en même temps suivre son idée, ce qui lui permettait de répondre en développant une opinion. Cela suppose une attention intermittente, promptement dirigée par la volonté. Interrompu dans une rédaction, il reprenait sa phrase sans relire.

Nous verrons par la suite quel parti les mnémonistes et Chavauty en particulier, ont tiré de la classification, mais le système d'éducation directe préconise également cette classification. « La mémoire, a dit Condillac, est une suite d'idées qui forment une espèce de chaîne. » Dans une chaîne, chaque maillon doit être à sa place. Avant donc d'appliquer sa mémoire à l'acquisition de

1. *Histoire des Savants et des Sciences depuis deux siècles,* 2ᵉ édit., p. 309.

notions, il faut assigner à celles-ci un ordre immuable, déterminé par l'expérience des autres ou assigné par notre raisonnement et c'est ensuite entre les divers termes de l'énumération qu'il conviendra d'établir le lien mnémonique. C'est en constituant l'enchaînement et l'ordre de succession des idées ou des mots représentatifs de celles-ci que l'on parviendra à retenir le lien qui les unit, le rapport qu'ils ont entre eux.

Pour cela il ne faut jamais intervertir l'ordre des termes.

L'observation de ces termes et leur comparaison entre eux sera l'opération la plus fructueuse de la mémoire. On ne se figure pas le nombre de remarques, de nuances que discerne en toutes choses un esprit pénétrant et observateur naturellement ou devenu tel par entraînement.

C'est l'ensemble de ces remarques qui établit entre les parties constitutives ou successives d'un tout le lien et les rapports qui permettent de passer d'un terme à un autre, comme sur une passerelle.

L'observation trouve un point d'appui dans l'imagination qui permet de rapprocher les images nouvelles des anciennes déjà conservées dans la mémoire. L'imagination en effet construit avec des souvenirs existant en magasin, les combine, les pétrit, les amalgame et y ajoute une part d'inven-

tion qui fait du tout quelquefois une conception
véritablement irréelle. C'est à ce titre qu'il faut
n'user de l'imagination qu'avec une prudente
réserve, quand il s'agit de lui demander de renforcer les souvenirs. C'est un écueil dans lequel,
nous le verrons, a donné la mnémotechnie ancienne. « L'imagination, dit Rolin, ne peut pas être
considérée comme un élément primordial du
souvenir, parce que ce qui est seulement né par
l'imagination ne peut revivre que par elle et que,
celle-ci étant, de sa nature, capricieuse et fantasque, offre la moindre garantie possible de ressusciter exactement la même vision qu'elle a formée
précédemment. Autrement dit, pour garder le
souvenir d'un objet créé par la fantaisie, il faut
présumer l'existence de la mémoire elle-même et
celle-ci est plus susceptible d'être oblitérée qu'a-
méliorée par les efforts d'invention de sa volage
compagne. »

Plus utile à la mémoire que l'imagination est
l'association d'idées, cette faculté qui établit un
lien, un rapport entre deux ou plusieurs conceptions de l'esprit, entre deux ou plusieurs idées
successives, deux ou plusieurs circonstances
d'un même événement. Ces rapports, bien qu'on
ne les aperçoive pas toujours, existent d'une
façon absolument nécessaire. C'est une loi de la
pensée. Après l'attention, dit Atkinson, l'association

des idées est le facteur le plus important de la mémoire. C'en est même un facteur nécessaire, à tel point qu'il ne peut y avoir, selon Piéron, d'acquisition de souvenirs isolés, d'images indépendantes, la loi de notre vie mentale étant d'être faite d'enchaînements. C'est, dit-il, avant tout par la multiplicité des liens associatifs que la mémoire humaine apparaît supérieure. Ce sont ces liens qui permettent d'évoquer les souvenirs. Mais ces liens, c'est l'intelligence qui les crée ou les découvre; « il faut donc une pensée constamment active et qui laisse chaque fois entre les éléments de l'esprit comme les fils d'une gigantesque et précieuse toile, grâce à laquelle elle peut ensuite retrouver plus facilement la route déjà suivie ».

Selon Ribot, les deux faits principaux qui servent de base à l'association sont la ressemblance et la contiguïté.

En ce qui concerne l'association par ressemblance, elle dépend, dit Atkinson, de ce qu'une impression, nouvelle ou non, tend à raviver une impression précédemment enregistrée, qui lui ressemble par quelque détail; les deux s'associent ainsi dans la mémoire.

Quant à l'association par contiguïté, d'après le même auteur, elle dépend de ce qu'une impression nouvelle ou reçue tend à rappeler d'autres impressions enregistrées en même temps ou immédiatement après ; les impressions ainsi successivement enregistrées tendent à s'associer et à se réunir, de façon que le souvenir de l'une rappelle habituellement le souvenir des autres. Quand des enfants apprennent un texte, c'est-à-dire une suite de mots, d'une façon machinale, et sans comprendre, tels de petits perroquets, ils arrivent à retenir le texte d'une façon plus ou moins durable. S'ils le peuvent, ce n'est que par suite de l'association par contiguïté entre ces mots successifs qui s'est faite dans leur esprit.

L'association par contiguïté peut se faire dans le temps comme dans l'espace. Un événement contemporain rappellera souvent à votre mémoire le souvenir d'un événement de votre vie passée.

Dans l'espace l'association est plus fréquente encore. Quand vous pensez à un objet, vous le voyez dans le cadre où il se trouve et votre souvenir évoque les autres objets qui l'entourent.

J'ai dit que l'association pouvait se faire entre les différentes parties d'un même tout, entre les différentes particularités d'un même phénomène. Il importe, par une attention concentrée, de développer ces associations. Vous êtes témoin dans la rue d'un événement quelconque et vous désirez en garder le souvenir. Il suffit, pour cela, d'en observer les parties constitutives, de situer l'événement dans son vrai cadre et de créer ainsi l'*atmosphère du souvenir*. Dans l'ensemble il y aura toujours une particularité qui vous aura frappé. Retenez-là ; faites-en le pivot du souvenir et rattachez par association toutes les autres particularités de l'événement à cette base fixe qui ne devra cet honneur qu'au mérite de vous avoir frappé plus que tout le reste.

3· ÉVOCATION DU SOUVENIR

Pour apprendre à évoquer ses souvenirs, il faut les répéter souvent, c'est-à-dire repasser souvent par les mêmes chemins, en refaisant, comme nous venons de le voir, chaque fois les mêmes associations d'idées, renouvelant ainsi toujours et invariablement le phénomène dans les mêmes et identiques conditions. Je me réserve de revenir sur la façon de répéter au moment où je traiterai de la mémoire du mot à mot.

Le secret de la mémoire.

L'ensemble des constatations auxquelles nous venons ne nous livrer nous donne tout le secret de la mémoire qui peut se formuler ainsi :

Percevoir attentivement, avec le plus d'organes possible en même temps, constater et au besoin créer des associations entre les idées, en ayant le soin de rattacher l'inconnu au connu, le nouveau à l'ancien ; repasser enfin ses souvenirs fréquemment, et dans un ordre préétabli, en remarquant, à chaque nouvelle revision, le lien précédemment découvert.

Toute la mémoire est là et tout ce qui peut être dit et fait pour son éducation naturelle ou artificielle ne pourra jamais être que la mise en œuvre plus ou moins judicieuse et plus ou moins ingénieuse de ces principes. Nous allons voir quel parti en ont tiré les mnémonistes.

§ 2. — Procédés artificiels adjuvants de la mémoire.

De la transformation des chiffres en articulations syllabiques ou alphabet numérique.

Ce procédé est si fécond en applications que, méconnaissant désormais l'ordre chronologique, je crois devoir commencer mon exposé critique et analytique des différents systèmes ayant cours par l'explication de son mécanisme.

C'est Aimé Paris qui a exposé le plus clairement cette méthode, et c'est lui qui nous fournira le plus de données pour les développements qui vont suivre.

Avant toute explication à ce sujet, je dois dire, à l'excuse de ces gens que l'on a tant accusés d'embrouiller le souvenir plutôt que de l'alléger, qu'il y a quelque chose de très juste dans cette idée même de transformer les chiffrés en consonnes, les nombres en mots, les dates d'histoire, les formules mathématiques ou les données statistiques de la géographie et d'autres sciences en formules, en phrases littéraires ou vers plus ou moins ridicules d'allures. C'est que chacun de nous a une forme particulière de mémoire. Tel retient plus facilement un texte littéraire ; tel autre à tendances mathématiques raisonne chiffres, retient facilement les successions de nombres les plus ardues.

Le premier type est de beaucoup le plus fréquent.

L'expérience le démontre, de même qu'elle démontre que des phrases se retiennent plus facilement que des mots isolés. Il est donc incontestable que la plupart des élèves auront avantage à transformer en mots les dates, formules et séries arides de chiffres qu'il est quelquefois indispensable de retenir.

Au contraire, le mathématicien qui ne parvient pas à retenir les noms de ses amis eux-mêmes, lira avec fruit ce qui va suivre, car il verra que Morin = 34, que Moreau, Marin, Maire, Marie, Marion ont la même valeur numérique. Il numérotera ses amis au lieu de retenir leur noms et, quand il verra venir à sa rencontre une de ces personnes de sa connaissance, qu'il aura logées dans la case 34 de son cerveau, il se dira hâtivement que ce ne peut être que Morin, Marion, Moreau, Maire ou Marie ; le nom lui viendra tout de suite sur la langue. Mieux que cela, tout ce monde s'entassant et fraternisant dans la case 34, il se formera entre eux une association qui, pour notre mathématicien observateur, sera une association d'idées ; il viendra un moment où notre homme ne pourra plus penser à l'un quelconque de ces amis qu'il aura étiquetés 34 ou au nombre 34 lui-même, sans que toute la série des personnes qu'il aura logées en collaboration dans cette case 34 surgisse devant ses yeux avec ensemble et spontanéité.

Par contre, il arrive aux mathématiciens les mieux doués de ne pouvoir retenir une série de chiffres, un nombre, une formule, un rapport. Une traduction en mots pourra leur rendre service.

Loin de moi l'ambition de vouloir tirer au clair l'origine historique du jeu d'échecs, dont certains veulent faire remonter l'usage à la guerre de Troie, tandis que d'autres en attribuent l'invention à un brahmine du nom de Sissa, favori d'un monarque des Indes, au IVe ou au Ve siècle. Quoiqu'il en soit, on raconte que ce monarque voulant récompenser Sissa d'un service que celui-ci avait rendu, lui demanda ce qu'il désirait. « Sire, lui répondit ce malin, donnez-moi un grain de blé pour la première case de l'échiquier, deux grains pour la seconde, quatre pour la troisième, huit pour la quatrième et ainsi de suite en multipliant toujours par 2 jusqu'à la soixante-quatrième et dernière case. »

Le roi, nous dit-on, jugeant cette récompense dérisoire, se fâchait presque de l'insignifiance de la demande, mais il ne tarda pas à revenir de son erreur, car le compte étant fait, il dut reconnaître que tous les greniers de son royaume eussent été incapables d'engranger le résultat de ce calcul soit 18.446.744.073.709.551.615 grains de blé. Sissa, qui savait la mnémonique, lui aurait alors, s'il faut en croire les gens bien informés [1], jeté cette phrase qui contient le nombre en question : « *Tu vois, roi riche, qui aurait raison et comme quoi ce blé-là t'eût jeté loin* », phrase incontestablement plus facile à retenir que : *dix-huit quintillions, quatre cent quarante-six quatrillions, sept cent quarante-quatre trillions, soixante-treize billions, sept cent neuf millions, cinq cent cinquante et un mille six cent quinze.*

En mnémotechnie les consonnes qui se prononcent, celles que l'on est convenu d'appeler les articulations, et celles-là seules comptent, sont re-

---

1. Ch. Richard, *Comment je sais mes dates.*

présentatives des valeurs numériques suivantes :

0 = s, ç, ou z.
1 = d ou t.
2 = n ou gn.
3 = m.
4 = r.
5 = l.
6 = g (doux), j ou ch (doux).
7 = gu, q ou k.
8 = f, ph ou v.
9 = b ou p.

Mais, se mettre ce barème dans la tête va vous paraître toute une affaire; oui, par les moyens ordinaires d'apprendre, j'en conviens; heureusement, les mnémonistes viennent à votre secours et vous guident par de petits moyens bien puérils, mais dont vous ne pouvez nier l'efficacité si vous n'êtes de parti pris. Oyez donc Aimé Paris :

S ressemble à deux zéros superposés.

1 n'a qu'un jambage et ressemble à un t dans l'écriture manuscrite; t et d sont d'ailleurs équivalents comme étant l'un et l'autre des dentales.

2 = n, parce que n a deux jambages.

3 = m, parce que m a trois jambages.

4 = r, parce qu'on dit quatRE.

5 = l, parce que, en chiffres romains, L = CINQuante.

6 = j (ou *g* ou *ch*, sons analogues) parce que l'accouplement de *six* et de *j* est déjà fait dans l'esprit de nous tous qui avons lu sur les tombes ces mots : *Ci-gît.* (Convenez que les gaîtés de la mnémotechnie sont parfois macabres).

7 = k (ou *gu* ou *qu*, articulations équivalentes) en souvenir du mot *Cassette* ou *Ka sept.*

8 = f (ou *ph* ou *v*), parce que f est est lié à 8 pour l'oreille dans le mot *fuite* (*f...huit*).

9 = b (ou p) par suite d'un rapprochement analogue mais un peu lourd avec le mot *bœuf.*

Aimé Paris résume ces conventions dans le tableau suivant dont chaque case renferme un mot constitutif d'une phrase non moins insipide que sacramentelle qui, à elle seule, renferme la clé de tout le système :

S 8
Sot

t	n	m
tu	nous	mens
quat RE rends	L les	Ci-gît chants
Cassette que	fuite fit	bœuf Pan

Cette sotte phrase nous permet de dire que *buste* = *be se te* = 901, que *rompre* = *re pe re* = 494, que = *philtre* = *fe le te re* = 8514, etc.

Des formules et des vers mnémoniques.
Applications à l'histoire.

L'application allait de sci aux dates d'histoire et de littérature. Socrate ayant bu la ciguë en l'an 400 avant J.-C., les esprits ingénieux du temps de Louis-Philippe se mettaient l'esprit à la torture pour trouver des mots dont l'articulation fût représentative de 400. On en pouvait trouver toute une liste : *Rassasier*, *rassise*, *recenser*, *rescision*, *ressasser*, *Rhésus*, *rosace*, *réussissent*, *heureuse issue*, etc., et chacun de composer des formules finissant par ces mots ou d'autres équivalents :

Socrate, à ses derniers moments, entretient encore ses disciples que sa parole n'a jamais pu *rassasier*.

Socrate, buvant la ciguë, disait : Lequel est le meilleur, du sort de l'homme vertueux qui succombe ou de celui de ses ennemis qui *réussissent*?

. . . .

. . . .

Ces formules étaient longues souvent et la prose convenait assez mal à ces sortes de formules, la moindre infidélité du souvenir pouvant vous induire en erreur de plusieurs siècles.

Les poètes se mirent de la partie. L'idéal eût été de composer « des vers amis de la mémoire », comme disait Sainte-Beuve, que l'on retînt indéfiniment. Mais cela est encore à trouver. La mièvrerie et la puérilité de ceux que nous connaissons sont encore la note dominante, mais il faut convenir qu'il y a progrès par rapport aux longues et insipides formules d'Aimé Paris. Témoins ces vers dépourvus de poésie, mais concis de Ch. Richard :

Bataille de Châlons :

> Aétius à Châlons, Attilat ralentit
> 451

Bataille de Soissons :

> Contre Syagrius, Soissons fut la revanche
> 486

Bataille de Vouillé :

> Clovis tue Alaric à Vouillé, c'est classique!
> 507

Assassinat de Chilpéric :

> De Frédégonde à Chelle homicide est le fer
> 584

Sacre de Charlemagne :

> Charlemagne est sacré : quelle magnificence!
> 800

Bataille de Fontanet :

> Lothaire à Fontanet fuit des troupes plus fortes
> 841

Excommunication de Robert le Pieux :

Ses foudres à Robert le Pieux le pape envoie
998

Sur la mort de Gabrielle d'Estrées :

Henri IV gémit : « Gabrielle est bien bas »
...599[1]

Sur le divorce d'Henri IV, la même année :

Le divorce d'Henri prononcé par le pape
...599[1]

Et l'assassinat du même :

Ravaillac accomplit son très méchant dessein
...610[1]

Réunion des États généraux :

Des États généraux Marie, régente rit
...614[1]

Chacun de ces vers est accompagné d'une notice explicative. Par exemple ce dernier vers est ainsi commenté : « Les États généraux, convoqués par Marie de Médécis, durent se séparer sans avoir reçu aucune des satisfactions qu'ils demandaient dans leurs cahiers de doléances ».

A citer encore une chronologie des rois de France, due également à Ch. Richard, et dont les trois premières articulations de chaque vers donnent la date de l'avènement et les trois dernières celle de la fin du règne et dans laquelle

1. Le millésime est sous-entendu : lire 1599, 1610, 1614.

chaque terminaison de vers évoque nécessairement
le commencement du suivant :

On me permettra de reproduire ce document :

Rien ne sais concernant *Pharamond*, rien ne vois.
Rien ne vois sur *Clodion*; fut-il le roi rêvé?
Roi rêvé *Mérovée* a les Francs relevés.
Relevez *Childéric* : qu'il rentre en roi fêté.
Roi fêté, fier *Clovis*, sous l'eau courbe la tête.
La tête, *Childebert* à ses neveux l'enlève.
Il enlève *Clotaire*, à ses enfants le gite.
Le gite luxueux de *Caribert* il choque.
Il choque, *Chilpéric*, par ses crimes, le Franc.
Le Franc *Clotaire Deux* s'étend jusqu'à Genève.
Genevois, chantez-vous, *Dagobert* chant mauvais?
Champs mauvais,*Clovis Deux*,ceux où sont tes gens lâches.
Gens lâches, sous ton nom, *Clotaire Trois*, j'accuse.
J'accuse ton humeur, *Childéric Deux* chagrin.
Chagrin Ebroin dit: « Eh bien pour *Thierry* j'opte. »
« J'opte pour Héristal, dit *Clovis Trois*, je plie ».
« Je plie et *Childebert Deux* suivra ma conduite. »
Conduite semblable eut *Dagobert Deux* : qu'est-il?
Qu'est-il *Chilpéric Deux?* Un pauvre roi caduc.
Caduc *Clotaire Quatre*, avec Martel qui n'ose !
Qui n'ose t'appeler, *Thierry Deux*, roi comique?
Comique : *pas de roi*; nul ne prend la couronne.
« Couronne il faut céder »; *Childéric Trois* s'incline.
Inclinez-vous, *Pépin le Bref* est plus qu'un chef!
Qu'un chef te ressemblât, *Charlemagne*, il faudrait.
Faudra-t-il donc voir *Louis Débonnaire* et sans force!
Force avait *Charles Deux le Chauve* et fougueux goûts.
Fougueux goûts *Louis le Bègue* eut-il pour vos combats?
Vos combats, cher *Louis Trois*, feront Carloman vivre.
Vivra *Charles le Gros*, sans protéger vos fiefs.
Vos fiefs sont défendus par *Eude*; il fait bien mieux.
Fais bien mieux, *Charles Trois*, simple et d'humeur béni-
Bénigne humeur *Robert* eut-il? Fut-il bon homme? [gne.

Bon homme était *Raoul,* pour les gens pas méchants.
Pas méchant, dépouillé, *Louis quatre Outre-Mer* pleure.
Pleure, Othon, tes soldats ; *Lothaire* est bien vengé.
Eh bien ! vengez *Louis Cinq* de son surnom bien vague.
Bien vague roi, parfois *Capet* n'est pas beau jeu.
Pas beau jeu *Robert Deux* n'eut avec sa moitié.
Sa moitié choisit Russe, *Henri* dans sa sagesse.
Sagesse ! t'en passer, *Philippe* tu savais.
Tu savais, *Gros Louis Six,* punir qui te manquait.
Tu manquais, *Louis Sept jeune,* un but que tu visais.
Tu visais bien, *Philippe-Auguste,* un ennemi.
Un ennemi, dit *Louis le Lion,* point ne nous joue.
Ne nous jouons pas du *Saint-Louis Neuf,* car... il annexe.
Annexe-toi, hardi *Philippe Trois,* nos villes.
« Nos villes paient l'impôt, *Philippe Quatre* est maître ».
Maître *Louis Dix Hutin* dit : Serf son sort me touche.
Me touche ta bonté, *Philippe Cinq,* mène nous.
Mène nous, *Charles Quatre...* et les Juifs mène au feu !
Mène au feu, *Philippe Six de Valois,* ta milice.
Milice, *Jean le Bon,* tu l'exposes, mon cher !
Mon cher roi *Charles cinq* fut un sage, ô mon fils !
Mon fils, *Charles Six* fou montre un règne inouï.
Règne inouï de *Charles Sept,* roi peu rigide.
Rigide et cruel fut *Louis Onze,* roi fameux.
Roi fameux, *Charles Huit,* affable et roi bien vu.
Roi bien vu, paternel, *Louis Douze* eut l'Italie.
L'Italien, *François Premier* jettent leurs gants.
Leur gant brille, *Henri Deux;* au tournoi luit l'épée.
Luit l'épée de Condé, *François Deux* sait la chose.
La chose atroce ! Entends, *Charles Neuf,* comme ils
Il cria, *Henri Trois,* pour qu'on vint; il fit bien. [crient!
Il fit bien d'abjurer, *Henri Quatre,* jadis.
Jadis *Louis Treize* était par Richelieu charmé.
Charme, nous, *Louis Quatorze* et ton temps guide-le.
Guide *Louis Quinze* enfant, adroit régent qu'on craint !
Qu'on craint pour toi, *Louis Seize,* hélas dans nos cam-
Campagnes et cités, *République* vous sert.   [pagnes!

> Vous sert, *Napoléon*, d'exemple, ô temps futurs!
> Futurs rois, *Louis Dix-Huit*, en exil finiront.
> Finiront avec toi, *Charles Dix*, lois fameuses.
> Fameuse Charte, *Louis-Philippe*, vous rêvez.
> Vous rêvez *République* et l'avez moins vilaine!
> Vilaine invasion *Napoléon Trois* vexe.

Quiconque est capable d'apprendre 75 vers peut, en toute assurance, vous énumérer les rois de France avec les dates extrêmes de leurs règnes. Je ne crois pas qu'il existe beaucoup de bacheliers capables de ce tour de force.

Le même auteur a exercé sa verve sur les noms des grands hommes : « Si j'avais, dit-il, à apprendre à un enfant que Michel-Ange fut à la fois architecte, sculpteur et peintre ; qu'à l'architecte on doit le dôme de Saint-Pierre de Rome, au sculpteur de nombreux chefs-d'œuvre, en particulier les statues du *Jour* et de la *Nuit*; qu'au peintre enfin, on doit cet admirable *Jugement dernier*, où la vengeance d'un Dieu irrité est si magistralement représentée ; pour fixer dans la mémoire de cet enfant ces diverses notions, quel meilleur moyen trouverai-je que de lui faire apprendre le distique suivant :

> Erige avec orgueil ton dôme, Michel-Ange,
> Sculpte la *Nuit*, le *Jour*; peins le Dieu qui se venge. »

Dans ce distique les trois dernières articulations du premier hémistiche du premier vers donnent la date de la naissance: re, gue, le $= 1475$

(ou plus exactement 475, le millésime étant sous-
entendu) et les trois dernières articulations du
premier hémistiche du second vers donnent la
date de la mort : 1564.

M. Richard a le soin d'accompagner chaque
distique d'une notice biographique empruntée à
un auteur quelconque et qui éclaire les termes de
la formule.

C'est ainsi que, s'agissant de Mme de Sévigné,
(1626-1696) :

> Le génie enjoué de Sévigné nous charme ;
> La louange a beau jeu quand la mère s'alarme.

cette formule est accompagnée des lignes suivantes empruntées à Ch. Nodier :

« ... C'est une excellente mère éloignée de sa
fille, incessamment tourmentée du besoin de com-
muniquer avec elle à travers l'espace, comme si elle
était présente, et dont la sensibilité s'est élevée
sans effort à toutes les perfections du style, parce
que la sensibilité, c'est le génie. Changez une
seule circonstance dans l'histoire de Madame de
Sévigné : Otez-lui la fille adorée dont émanent
toutes ses inspirations ; ou bien, si vous ne vous
sentez pas plus capable que moi de cette fiction
cruelle, faites mieux : laissez-lui sa fille sous la
condition si douce pour elle de ne s'en séparer
jamais. Vous lui rendrez à ce prix tout le bonheur

qui lui a manqué sur la terre, mais vous lui enlèverez en même temps tout l'éclat de ce talent admirable qui l'a distinguée des autres femmes et qui lui assigne un rang si éminent à la tête des littérateurs. »

On a imaginé des formules donnant, non seulement l'année des événements, mais le quantième du mois. M. Richard, modifiant certaines conventions qui avaient cours vers 1830, propose le barème suivant pour la traduction des noms de mois en chiffres :

Janvier,	Février,	Mars	Avril,
ve	fe	se	re
Mai	Juin	Juillet	Août
me	je, ge, che	le ou lle	te
Septembre	Octobre	Novembre	Décembre
pe, be	que, ke, gue	ne, gne	de

Il est convenu que, des cinq dernières articulations du vers, les deux premières donneront le quantième, la troisième le mois et les deux dernières l'année, l'indication du siècle étant sous-entendue. Ainsi :

A Valmy ce Bruswick par nous est bien puni
        ne se be pe ne
        2 0 sept 9 2
Le poignard de Marat entama le poumon
        te me le pe me
        1 3 Juill. 9 3

Danton et ses amis défiaient leur bourreau
fe le re be re
(8) 5 Avril 9 4 [1].

Quand les formules sont concises, quand elles sont assez ingénieusement combinées pour pouvoir, en sus de la date, fournir un renseignement instructif sur l'événement envisagé, ce qui est le cas des vers que je viens de rapporter, le procédé est assurément recommandable, mais ce qui ne l'est pas, ce sont ces formules de deux ou trois lignes, embrouillées, tirées par les cheveux, qui vous font faire un chemin rebutant, pour vous conduire par des sentiers sinueux du nom de la bataille ou du traité au mot constitutif de la date. Ainsi, pour retenir la date de la nomination du premier dictateur plébéien, Aimé Paris nous oblige à retenir ces quatre lignes sans intérêt et qui ne nous apprennent rien : *quand le premier dictateur plébéien est nommé, plus d'un membre de l'aristocratie romaine s'indigne de voir le plus haut rang accordé à un homme dont le sang n'est pas sans mélange.*

Plutôt que de m'orner l'esprit de cette mauvaise et prolixe littérature, j'aime mieux recourir aux procédés de Rolin et de Chavauty : « C'est,

---

1. Quand la première des 5 articulations envisagées est un chiffre formant avec le suivant un nombre supérieur à 31, cette première articulation est tenue pour non avenue.

dit ce dernier, contre la formule, qu'on ne sait ni apprendre ni garder, dont la barbarie est souvent insupportable, que sont venus se briser les efforts de la multitude de bons esprits qui ont toujours pensé qu'au fond de tout cela il y avait quelque chose d'excellent ».

De la liaison des idées au moyen des mots.

Saint Thomas d'Aquin, qui était un grand penseur, a dit : « Les mots sont les signes des idées ; les idées sont les expressions des choses ; en sorte que les mots se rapportent aux choses par le moyen des idées ». Avant lui Quintilien avait dit : « Un mot suffit souvent à rafraîchir la mémoire, là où elle commence à faillir ».

Cette vérité fort juste a servi de point de départ à une méthode qui tend à fixer les idées ou notions au moyen de mots représentatifs de celles-ci[1] et de dégager les rapports de sens ou de son qu'ils peuvent avoir entre eux. Cette recherche a depuis longtemps été préconisée comme fertile en résultats[2]. On la trouve chez Aimé Paris, Castilho,

[1] « Des mots ! Des mots ! Des mots ! » s'écriait Hamlet ; n'en parlez pas avec tant de dédain, prince taciturne, lui a-t-on répondu.

[2] Condillac avait dit : « La mémoire est une suite d'idées qui forment une espèce de chaîne » et le major Beniowski : « La rapidité et la force avec lesquelles deux notions se

Moigno, Pick, Chavauty et Rolin. C'est ce dernier qui paraît avoir donné à la méthode de recherche de ces rapports la forme la plus complète et la plus précise. Selon lui, les rapports d'entre deux mots peuvent être des rapports d'*analogie*, d'*opposition* ou d'*association*.

Les explications fournies sur cette classification par M. Rolin sont d'une importance fondamentale et je crois devoir les reproduire avec tout leur détail, et appuyées des exemples fournis par l'auteur, car il y a là un ensemble de règles dont il serait d'une très grande utilité de se pénétrer en vue des travaux d'analyse préconisés.

L'ANALOGIE DE SON unit les mots qui présentent entre eux une, deux ou la totalité des consonnances communes. Elle est partielle entre des mots tels que : *main* et *chemin; poudre* et *foudre; misérable* et *érable; catalogue* et *analogue; capitaine* et *capitole*; totale entre *bailler* et *bailler; hêtre* et *être; air* et *ère; content* et *comptant; bossué* et *Bossuet*, etc.

L'ANALOGIE DE SENS comprend :

A. La *synonymie* approximative ou entière. Ainsi

fixent ensemble dans l'esprit est en raison directe du rapport que nous apercevons entre elles ».

C'est également ce qu'avait aperçu Buffon lorsqu'il disait: « Les sensations toutes seules ne suffisent pas pour produire la mémoire et celle-ci n'existe en effet que dans la suite des idées que notre âme peut tirer de ces sensations ».

il y aura analogie de sens entre *richesse* et *opulence*; *voie* et *chemin*; *maison* et *habitation*; *vertu* et *morale*; *châtiment* et *punition*.

B. *Le rapport du tout à la partie*. Exemples : *arbre* et *branche*; *fauteuil* et *bras*; *mois* et *jour*; *montre* et *cadran*; *couteau* et *manche*.

C. *Le rapport du genre à l'espèce*, cette dernière pouvant s'exprimer aussi bien adjectivement que substantivement. Il y aura donc une analogie de sens entre *animal* et *homme*; *fleur* et *rose*; *poisson* et *saumon*; *eau* et *courante* ou *stagnante*; *journal* et *hebdomadaire* ou *quotidien*.

D. *Le rapport d'un objet avec ses qualités ou états caractéristiques*, ceux-ci pouvant s'exprimer aussi bien par un adjectif que par un participe ou un substantif. Exemples : *encre* et *noir* ou *noirceur*; *pâte* et *molle*; *plomb* et *lourd*; *feu* et *ardent*; *mer* et *agitée*; *cible* et *touchée*.

E. *Le rapport d'un objet avec sa destination*. L'objet en question peut être destiné soit à un autre ou à une personne, soit à une action. Comme exemple des deux premiers cas, Rolin donne : *Chef* et *service*; *bague* et *doigt*; *phare* et *navire*; *cuiller* et *bouche*; *sceptre* et *roi*; *crosse* et *évêque*; *couronne* et *tête*; *porte-monnaie* et *argent*; *étable* et *vache*. Dans le deuxième cas, il range les mots : *flèche* et *blessure*; *couteau* et *couper*; *pipe* et *fumer*; *lit* et *repos*; *cire* et *cacheter*.

F. *Le rapport d'un objet avec les actions diverses auxquelles il donne lieu naturellement.* Exemples : *porte et entrer ou sortir; siphon et amorcer; canon et charger; photographie et mettre au point; soldat et exercice.*

G. *Le rapport de la cause avec son effet.* Exemples : *tonnerre et bruit; feu et brûlure; eau et mouiller; glace et geler; sécheresse et soif.*

H. *Le rapport d'un objet avec la matière dont il est fait.* Exemples : *soulier et cuir; panier et osier; assiette et faïence; chemise et toile; couteau et fer.*

I. *Rapport de l'objet avec l'opérateur.* Exemples : *porte et concierge; canon et artilleur; pipe et fumeur; livre et relieur; marchandise et négociant.*

L'OPPOSITION résulte :

A. des *contraires*. Exemples : *Oui et non; grand et petit; misère et opulence; justice et équité.*

B. de *l'anthithèse*. Exemples : *ciel et terre; montagne et vallée; noir et blanc; cime et profondeur; élévation et abime.*

C. de *l'hostilité*. Exemples : *chien et chat; chat et souris; araignée et mouche; loup et mouton; religion et libre penseur.*

D. de *l'incompatibilité*. Exemples : *eau et feu; graisse et acide; science et paresse; plaisir et supplice.*

L'ASSOCIATION D'IDÉES résulte enfin :

A. du souvenir frappant d'avoir *vu deux objet ensemble*. Ce rapport est strictement personnel et ne peut donner lieu à aucun autre exemple qu'à ceux suggérés à chaque lecteur individuellement.

B. de la *réunion des deux mots dans un même trait historique ou une même anecdote*. Exemples : *Daniel* et *lion*; *chat* et *bottes*; *délices* et *Capoue*; *cercle* et *Popilius*; *tonneau* et *Diogène*; *soleil* et *Josué*; *Cristophe Colomb* et *œuf*.

C. de leur *réunion dans une même locution proverbiale ou dans un même cliché*. Exemples : *tête* et *avis*; *cape* et *épée*; *fond* et *comble*; *char* et *état*; *rênes* et *pouvoir*.

D. Ou de leur *rencontre dans une même citation textuelle d'un mot célèbre*. Exemples. *Crime* et *faute*; *argent* et *odeur*; *frapper* et *écouter*; *calculateur* et *danseur*; *Platon* et *vérité*.

E. *Entre les noms des auteurs et leurs œuvres*. Exemples : *Molière* et *Tartufe*; *Raphaël* et *Vierge*; *Michel-Ange* et *Moïse*; *Soufflot* et *Panthéon*.

F. *Entre une chose et son symbole*. Exemples : *Lis* et *pureté; violette* et *modestie; colombe* et *amour; lauriers* et *victoire ; olivier* et *paix*.

G. *Entre les mots qu'associe l'usage du monde*. Exemples : *Soirée* et *habit; fleurs* et *bal; concert* et *programme; chaîne* et *montre* (Ce dernier, ainsi que le fait remarquer Rolin, pouvant se classer à volonté, dans la catégorie A).

II. *Entre deux parties d'un même tout, entre deux espèces d'un même genre*, entre deux objets qui n'ont pas un rapport direct entre eux, mais qu'on n'en est pas moins accoutumé à *rencontrer au même endroit.* Exemple du premier cas : *main* et *pied*; du deuxième : *rossignol* et *alouette*; *seau* et *cruche.*

I. Enfin, et d'une façon générale du *stock de connaissances historiques, géographiques* ou *littéraires* que nous pouvons avoir et qui rapprochent à jamais dans notre esprit des mots tels que : *Christophe Colomb* et *Amérique*; *Léonidas* et *Thermopyles*; *Parmentier* et *pomme de terre*; *Law* et *banqueroute*; *Gutenberg* et *imprimerie*; *Montgolfier* et *ballon*; *Saint-Vincent de Paul* et *charité*[1].

---

1. Telle est la classification proposée par Rolin. Bergstrom en a donné une autre, publiée dans ses *Recherches expérimentales sur l'association des idées* dans *American Journal of psychology*, année 1894, p. 433 et suiv. :

Qualité coordonnée homogène semblable............................	rouge	rose
Qualité coordonnée homogène différente..............................	rouge	vert
Qualité coordoonnée homogène contraire.............................	blanc	noir
Qualité coordonnée hétérogène......	rouge	sucré
Qualité subordonnée homogène.....	couleur	vert
Qualité surordonnée homogène.....	vert	couleur
Qualité à objet.................	cheval	noir
Objet à qualité...............	noir	cheval
Objet coordonné semblable.........	cheval	jument

Rolin et Chavauty nous apprennent l'un et l'autre à apercevoir les rapports existant entre une suite de mots choisis à dessein d'abord, et après avoir saisi ces rapports, après les avoir nommés, et y avoir attentivement réfléchi, ils vous obligent à réciter ces mots dans leur ordre.

Rolin vous dira, par exemple, retenez : *Chaîne, captivité, Ste-Hélène, Napoléon, Corse, corset, baleine, ancre, vaisseau, etc.*

Chavauty vous dira : retenez : *Demeure, construction, fondement, moellon, carreau, four, pain.*

Objet coordonné différent	cheval	voiture
Objet subordonné.	école	lycée
Objet surordonné	lycée	école
Partie à tout.	arbre	feuille
Tout à partie	feuille	arbre
Acte coordonné homogène semblable. .	crier	hurler
Acte coordonné homogène différent . .	respirer	tousser
Acte coordonné homogène contraire. .	pleurer	rire
Acte coordonné hétérogène	rire	pleurer
Acte subordonné homogène	agir	marcher
Acte surordonné homogène	marcher	agir

D'études comparatives faites par M. Bergstrom il résulte que les associations d'idées les plus fréquentes sont les suivantes avec les chiffres ci-après :

Entre objets de même espèce.	24.4 %
De tout à partie.	15.6 %
D'objet à qualité.	14.9 %
Par identité de son	10.9 %
D'objet à acte	6.2 %
D'acte à objet	5.2 %
De qualité à objet	3.3 %
De partie au tout	2.8 %

Retenez-les, en les prenant successivement par groupes de 10 et en les répétant non pas automatiquement, mais en réfléchissant, lors de chaque nouvelle récitation, au lien qui les unit. Vous serez étonné de la facilité avec laquelle vous retiendrez ces listes, l'attention, l'observation et le raisonnement faisant ici l'office de la mémoire.

Pour permettre au lecteur de tenter l'expérience, je ne puis faire mieux que de mettre sous ses yeux, à titre d'exemple, une chaîne type de 100 mots proposée par Rolin, en indiquant, pour les 50 premiers, entre chaque mot et ses voisins, la nature du rapport qui les unit [1] :

1. L'analogie de sens s'écrira : *an.*; l'analogie de son : *son*; l'association : *as.*; l'opposition : *o*.

An. { 1 Chaîne
{ 2 Captivité } As.
As. { 3 Sainte-Hélène }
{ 4 Napoléon } As.
Son. { 5 Corse }
{ 6 Corset } An.
An. { 7 Baleine }
{ 8 Harpon } A s.
An. { 9 Ancre }
{ 10 Vaisseau }
} An.
Son. { 11 Traversée
{ 12 Traversin } An.
An. { 13 Duvet }
{ 14 Plume } An.
An. { 15 Cygne }
{ 16 Blanc } O.
An. { 17 Noir }
{ 18 Cirage } Son.
An. { 19 Mirage }
{ 20 Désert }
{ As.
An. { 21 Caravane }
{ 22 Chameau } Son.
An. { 23 Chalumeau }
{ 24 Flageolet } An.
An. { 25 Haricot }
{ 26 Légume { An.

An. { 27 Potager { An.
{ 28 Jardin } An.
An. { 29 Square }
{ 30 Promenade }
} An.
An. { 31 Marche
{ 32 Jambe } Son.
As. { 33 Jambon }
{ 34 York } Son.
{ 35 New-York }
As. { 36 Amérique } Son.
{ 37 Christophe Colomb }
As. { 38 OEuf } Son.
As. { 39 Bœuf }
{ 40 Taureau }
} As.
As. { 41 Combat }
{ 42 Cirque } An,
An. { 43 Ecuyer }
{ 44 Selle } Son.
An. { 45 Sel }
{ 46 Cuisine } An.
An. { 47 Four }
{ 48 Voûte } An.
An. { 49 Dôme }
{ 50 Domination

Les 50 termes suivants de cette chaîne de 100 mots sont les suivants :

51 Révolte

52 Parti

53 Partition

54 Opéra

55 Guillaume Tell

56 Libérateur

57 Délivrance

58 Jour

59 Aube

60 Coq

61 Basse-cour

62 Etable

63 Table

64 Rase

65 Touffue

66 Chevelure

67 Scalpé

68 Indien

69 Peau rouge

70 Sang

71 Cent jours

72 Waterloo

73 Walter Scott

74 Roman

75 Feuilleton

76 Journal

77 Revue

78 Rêve

79 Songe

80 Athalie

81 Atala

82 Chateaubriand

83 Château

84 Gâteau

85 Gâté

86 Fruit

87 Pomme

88 Ève

89 Tentation

90 Mauvaise

91 Bonne

92 Nourrice

93 Lait

94 Chèvre

95 Treuil

        96 Puits
        97 Seau
        98 Cruche
        99 Anse
        100 Panier

Pour bien faire comprendre la manière de procéder, pour établir mentalement la soudure entre les anneaux de cette chaîne, suivons encore Rolin dans son travail d'analyse, en l'appliquant aux premiers termes de la liste et apprenons à travailler comme lui :

Chaîne..... captivité.

Si, dit-il, nous examinons ces deux mots dans leur rapport entre eux, c'est-à-dire si nous les *comparons*, nous trouverons que, non seulement il existe entre eux une sorte de *synonymie*, puisque « être dans les chaînes » est « être en captivité », mais que, les chaînes ayant pour objet d'assurer la captivité, il y a de plus un rapport de *destination* et, par suite, une ANALOGIE DE SENS.

Captivité... Sainte-Hélène.

ASSOCIATION D'IDÉES de l'espèce B.

Sainte-Hélène... Napoléon.

Même rapport.

Napoléon... Corse.

Même rapport.

Corse... Corset.

ANALOGIE DE SON.

Corset... Baleine.

ANALOGIE DE SENS de l'espèce B.

Baleine... Harpon.

Ici évidemment, dit Rolin, à moins que nous ne prenions *baleine* dans un sens autre que le précédent, il n'y aurait aucun rapport que ce soit. Mais étant invité à en trouver un et n'y pouvant réussir qu'en prenant *baleine* dans le sens du cétacé mammifère qu'on capture au moyen de *harpons*, on constate qu'en conséquence de la *destination* de ce dernier instrument il y a entre HARPON et BALEINE un très évident rapport d'ANALOGIE DE SENS.

Harpon... Ancre.

L'*ancre* n'a pas, il est vrai, la même destination que le *harpon*, et ne rentre même d'aucune manière, pour la détermination de son rapport avec harpon, dans aucune des définitions de l'ANALOGIE DE SENS. Il n'y en a pas moins un rapport très réel entre les deux objets, et ce rapport, résultant de ce que le vaisseau est la place où il est naturel qu'on trouve ces deux objets réunis, est défini à la lettre H des ASSOCIATIONS D'IDÉES.

Ancre... Vaisseau.

Rolin fait observer qu'il ne serait pas absolument exact de voir entre ces deux mots un *rapport du tout à la partie*, comme on pourrait être tenté de le faire ; et cela parce que, si naturel qu'il soit de considérer l'ancre comme faisant partie de l'outillage d'un vaisseau, un vaisseau sans ancre n'en serait pas moins un tout très complet. Mais ce qui est incontestable, est la *destination* de l'ancre, laquelle est de fixer les *vaisseaux* à un point déterminé et par suite le rapport entre ces deux mots est un rapport d'ANALOGIE DE SENS.

Cette façon de travailler étant ainsi bien déterminée, Rolin invite le lecteur, après avoir *bien observé et catégorisé* au passage les rapports existant entre chaque couple de mots, à les répéter par tranches de 10 et non seulement dans un sens, mais aussi dans l'autre, c'est-à-dire à rebours. « Que, s'il hésite en un point, c'est qu'évidemment *l'attention*, source de la réflexion, lui a manqué, et il faut alors qu'en voyant où il s'est trompé, il répare son erreur et procure à son esprit, par une observation plus minutieuse, l'impression vive qui facilite la reproduction des idées. »

Ce travail type est suivi, dans la méthode Rolin, d'une série d'exercices progressifs sur le détail desquels je reviendrai *infra* p. 149 et sur l'efficacité desquels on sera fixé si l'on se rappelle cette parole de Rubinstein, à qui l'on demandait s'il faisait encore parfois des gammes. « Je n'aurai garde d'y manquer quotidiennement, répondit-il à son interlocutrice. Si je cessais un seul jour, je m'en apercevrais dès le lendemain; si je cessais une semaine, vous le verriez tout de suite, et si je cessais un mois, tout le monde s'en apercevrait. »

Tables de rappel.

Le système des tables de rappel a été préconisé par tous les mnémonistes du siècle dernier. De nos jours c'est Chavauty qui en a fait le plus large usage.

Le système Chavauty consiste à rattacher les mots formant série, non pas entre eux, mais chacun de ces mots à ce qu'il appelle un point de rappel, c'est-à-dire à une base fixe, à un numéro d'ordre symbolisé par un mot.

L'ensemble de ces points de rappel constitue la table de rappel.

On appelle table de rappel une numération de 1 à 100 ou davantage, dans laquelle chaque numéro d'ordre est représenté par un mot.

On travestira, par exemple, les nombres en noms ou mots de consonnances semblables.

Au lieu de 1, 2, 3, 4, 5, 6, 7, 8, 9, 10, 11, 12, 13, 14, 15, 16, 17, 18, 19, 20, on dira: *Les Uns, Dieux, Droit, Cadre, Zinc, Scission, Cep, Fuite, Bœuf, Diction, Once, Douce, Thérèse, Quatre-*

roses, *Quincié*, *Saison*, *Disette*, *Des Huîtres*, *Dix nœuds* et *Vin*.

Ou bien on formera une table de mots dont les articulations correspondront aux nombres à traduire. 0, *Son*; 1, *Ton*; 2, *Nom.*; 3, *Mont*; 4, *Rond*; 5, *Lion*; 6, *Jonc*; 7, *Gond*; 8, *Fond*; 9, *Pont*; 10, *Tesson*; 11, *Dindon*; 12, *Tenon*, etc...

Du temps d'Aimé Paris et de Castilho on faisait des tables de rappel, où la rencontre de la ligne horizontale d'un substantif avec la ligne verticale d'un adjectif qualifiant ce substantif donnait un mot nombre correspondant, chacun des substantifs et chacun des adjectifs envisagés ayant d'ailleurs une articulation de début correspondant au numéro d'ordre. (Voir le tableau ci-après.)

	0 Céleste	**1** Tendre	**2** Noire	**3** Mauvaise	**4** Ridicule	**5** Lente	**6** Changeante	**7** Gaie	**8** Forte	**9** Belle
1 Demeure	10 Paradis	11 Cythère	12 Tombeau	13 Enfer	14 Niche	15 Coquille	16 Auberge	17 Château	18 Forteresse	19 Paris
2 Nation	20 Élus	21 Italiens	22 Guinée	23 Anthropophages	24 Esquimaux	25 Turcs	26 Bohémiens	27 Français	28 Patagons	29 Géorgiens
3 Mission	30 Prédication	31 Billet doux	32 Assassinat	33 Billet d'enterrement	34 Poisson d'avril	35 Congrès	36 Ambassade	37 Invitation	38 Gouvernement	39 Pacification
4 Arme	40 Foudre	41 Prière	42 Stylet	43 Poison	44 Manche à balai	45 Torture	46 Lance	47 Épigramme	48 Canon	49 Épée
5 Lumière	50 Révélation	51 Lune	52 Fumée	53 Incendie	54 Feu-follet	55 Crépuscule	56 Punch	57 Lanterne magique	58 Gaz	59 Soleil
6 Chose	60 Sacrement	61 Amour	62 Encre	63 Malheur	64 Grimace	65 Espérance	66 Fortune	67 Plaisir	68 Levier	69 Vertu
7 École	70 Noviciat	71 Épicuriens	72 Loge	73 Tripot	74 Phalanstère	75 Collège	76 Philosophie	77 Danse	78 Gymnase	79 Éloquence
8 Fleur	80 Immortelle	81 Violette	82 Belle-de-nuit	83 Aconit	84 Pissenlit	85 Liseron	86 Héliotrope	87 Marguerite	88 Géranium	89 Rose
9 Époque	90 Ère chrétienne	91 Printemps	92 Chaos	93 Révolution	94 Carnaval	95 Vieillesse	96 Jeunesse	97 Enfance	98 Virilité	99 Age d'or 100 Sang

Ces cent points de rappel doivent être ressassés, paraît-il, jusqu'à assimilation et digestion, jusqu'à indigestion même, à telle enseigne que chaque mot devienne, dans votre esprit, l'équivalent nécessaire et à déclenchement mécanique, du nombre correspondant.

Et lorsque vous aurez fait cela, si vous voulez suivre la méthode Chavauty, vous ne serez qu'au commencement de vos peines ; vous devrez, par un travail de longue méditation, apprendre un tableau de 700 mots dont voici les premières lignes :

1. Demeure ; 101, Construction ; 201, Fondement ; 301, Moellon ; 401, Carreau ; 501, Four ; 601, Pain.

2. Nation ; 102, Ville ; 202, Gare ; 302, Octroi ; 402, Hôtel ; 502, Restaurant ; 602, Vin.

3. Mission ; 103, Administration ; 203, Etat ; 303, Soldat ; 403, Garde champêtre ; 503, Vigne ; 603, Raisin.

On remarquera que ces mots se suivent avec un enchaînement d'idées continu. C'est, dit-on, une excellente gymnastique pour développer l'association d'idées et l'esprit d'observation et pour apprendre à saisir le lien qui unit les mots entre eux. Chavauty n'enseigne cependant pas avec la même rigueur que Rolin à analyser et cataloguer les diverses sortes de liaisons pouvant exister entre les mots d'une série. C'est assurément un excellent exercice que d'apprendre mnémoniquement des

listes de mots, mais il apparaît qu'il y aurait des
connaissances plus utiles à s'assimiler, tout en
exerçant la mémoire, que la digestion préalable de
ces 700 mots.

Quoi qu'il en soit, lorsque vous saurez ces
700 mots et que vous pourrez aller imperturbablement de *Demeure* à *Pain* et retour, de *Nation* à *Vin*
et retour, etc., en posant, comme dit Chavauty, un
pied sûr et exercé sur chacune des pierres intermédiaires, vous pourrez partir à la conquête de
toutes les connaissances humaines, que vous
agglutinerez en couches superposées, sur ce cadre
de 700 compartiments, en suivant certaines règles
dites *d'ordre logique*, que M. Chavauty expose,
mais dans le détail desquelles je ne saurais entrer.
A en croire l'auteur, les nouvelles connaissances
se souderont au contact des anciennes, comme,
dans un arbre, les couches récemment poussées
consolident les aînées, chaque souvenir nouveau
devant consolider ses voisins tout à la fois et
l'ensemble. Je veux bien le croire, mais quel arsenal ! M. l'abbé Chavauty aurait mérité d'être
bénédictin.

Les derniers mots de chaque ligne deviennent le
point de départ de l'exploitation des connaissances.
Voulez-vous, du même coup, apprendre l'histoire
de France et l'allemand, écoutez plutôt comment
l'on s'y prend :

Partis de *Demeure* pour arriver à *Pain*, vous faites au-devant de ce mot une accolade, et des transitions plus ou moins pittoresques vous conduiront à trois mots cabalistiques : le premier sera la traduction allemande de *Pain*; le second sera le nom du roi, dont le numéro d'ordre correspond chronologiquement à *Demeure* et du troisième désarticulé vous exprimerez la date de l'avènement :

1. Demeure... Pain. { *Pintous*. Tombereau. . . . Brod.
{ Farine. . . . . Pharamond.
{ *Pinson*, Roitelet . . . . Roi naissant
4 2 0

De même, et ainsi de suite, pour les 2°, 3° rois de France, toujours amalgamés avec des mots allemands.

2. Nation...... Vin. { Vin . . . . Wein.
{ Vigne. Clos. . . . . . . Clodion.
{ Vin nouveau. . . . . . . Roi nouveau.
4 28

3 Mission... Raisin. { Cintre *Vade retro* (Satanas). Weintraube.
{ Réméré. . . . . Mérovée.
{ Rêvé. . . . . Roi rêvé.
4 48

Les mots : *Brod, Pharamond, Roi naissant* étant de la sorte indissolublement unis dans notre souvenir, nous allons les voir proliférer, chacun d'eux devant donner naissance à trois rejetons. Ces rejetons seront par exemple les mots saillants devant servir de points de repère dans une pièce de vers à retenir.

UNE MAISON DE FERME DANS LES VOSGES

Brod. — Brome. A l'ombre.	*A l'ombre* des grands pins, comme un nid sous [la branche,
Broc. Eau. Une fontaine.	A mi-flanc de Parmont c'est une maison blanche :
	Volets verts, tuile rouge. *Une fontaine* auprès,
	A gauche en arrivant, dans une auge de grès
	Recueille du vieux mont une eau légère et pure,
Broc. Eau. Qui filtre.	*Qui filtre* de la roche avec un lent murmure,
	Et d'un flot qui déborde et ne tarit jamais
	Sur le devant arrose un jardin vert et frais.
Pharamond. — Mont élevé. Un grand	*Un grand* portail cintré, que la nuit seule ferme,
	Sous le toit donne accès, et montre de la ferme,
	Dans la simplicité de son vaste détail,
	Le ménage rustique et l'agreste attirail :
Phalange. Grange.	*Grange*, étable, cellier dont la senteur de chaume
	Et de fruits et de lait tout d'abord nous em- [baume ;
	Charrettes, joug, harnais, le long des murs ran- [gés,
	Au-dessous de la paille et du foin engran
Phare. Carrefour. Fourches.	*Fourches*, pelles, hoyaux, faulx et trains ue [charrue,
	Dont le bel ordre charme et réjouit la vue....
	Une grande cuisine où, splendide, étincelle
Roi naissant. — Sur un trône. Sur des bahuts.	*Sur des bahuts* luisants une immense vaisselle
	Et qu'une table en chêne à pieds massifs emplit,
	A droite tout d'abord nous accoste et nous rit.
Fournaise. La cheminée.	*La cheminée* en face, aussi large que haute,
	Sous son vaste manteau rassemble côte à côte,
	Autour des grands chenets aux pieds hospita- liers,
Cour. Tour. De retour.	*De retour* de l'ouvrage un peuple d'ouvriers,
	Qui le jour par les champs dispersés à leur tâche,
	Près du foyer, le soir, ensemble font relâche.

A. CAMPAUX.

Et d'emblée, ces mots ou locutions : *A l'ombre, une fontaine, qui filtre*, etc. vont être promus points de rappel pour former à leur tour une nouvelle table, sur laquelle viendront se greffer d'autres notions et ainsi de suite.

Il reste à savoir combien auront le courage de s'introduire dans la mémoire un premier cadre de 700 cases.

D'aucuns y verront peut-être une manière de lit de Procuste. Le lit de torture aux 700 pointes n'est cependant fait que pour les martyrs de la mnémonique et Chavauty veut bien, à l'usage du vulgaire, nous donner un degré élémentaire de sa méthode, dans lequel les 5 mots intermédiaires entre *Demeure* et *Pain* disparaissent. Seuls *Demeure..., Pain, Nation..., Vin, Mission..., Raisin* sont à retenir, et, pour nous rendre cette association plus facile, on nous offre des mots de liaison ; on dira :

Demeure, Moulin, Pain.

Nation, Ration, Vin.

Mission, Rémission, Raisin.

Chacun appréciera selon sa tournure d'esprit, à moins qu'il ne préfère s'abstenir d'apprécier, car il paraît qu'il est impossible de juger de ces choses autrement que par les résultats obtenus, quand la méthode est assimilée.

Je me permettrai cependant de faire à la méthode Chavauty un reproche fondamental, c'est que chaque connaissance est tributaire d'autres connaissances qui, par définition, sont irrémédiablement et pour toujours acquises. Mais cependant si, à l'endroit de ces dernières, la mémoire venait à défaillir? Si l'une de ces pierres dont on nous a parlé et sur lesquelles il s'agit de poser un pied sûr et exercé venait à se dérober? Eh bien, vous resteriez le pied en l'air et il vous deviendrait impossible de continuer à avancer. Ce reproche est, à mon avis, la condamnation irrémédiable du système. J'aime mieux avec Rolin relier entre eux directement les termes d'une série plutôt que de les greffer en parasites et artificiellement sur une échelle parallèle, qui peut venir elle-même à se rompre. N'est-il pas plus naturel de chercher le point de départ de chaque série dans le mot représentatif de la notion la plus vive ou dans le mot qui vous vient le plus naturellement à l'esprit quand vous songez à la chose ?

L'idée qui a présidé à l'institution de la table de rappel est en elle-même peut-être assez juste ; c'est qu'elle tend à grouper topographiquement, sur un même point d'un tableau, les connaissances ou notions diverses, selon leur degré d'affinité, celui-ci étant déterminé d'après certaines règles conventionnelles. Le système Chavauty très simplifié aurait peut-être pu être recommandé. Dans sa forme même élémentaire, il subsiste toujours à son encontre l'objection que nous avons cru devoir formuler à l'alinéa précédent.

De ce système, je veux toutefois retenir la méthode de travail :

Classez, associez, répétez, dit Chavauty. Ce sont, et dans cet ordre rigoureux, les trois opérations nécessaires de toute étude intéressant la mémoire.

Classez vos souvenirs sous un numéro d'ordre, dans une case de votre souvenir, comme vous classez un livre à une place immuable dans une bibliothèque, où vous pourrez aller le chercher même à tâtons la nuit.

Associez chaque unité du bagage à enregistrer avec les objets qui sont déjà dans la case. Quand vous apportez un nouveau livre dans votre bibliothèque, pour vous rappeler où vous l'avez mis, vous vous dites que vous l'avez mis à côté de tel autre, qui est une vieille connaissance pour vous et dont vous savez la demeure, pour être allé l'y trouver bien des fois.

Répétez enfin, répétez périodiquement, mais répétez en réfléchissant toujours à la nature des rapports existant entre chaque couple de mots.

Du principe même de la table de rappel il peut être enfin retenu cette idée d'un groupement des noms propres autour de points de rappel ayant dans l'alphabet numérique la même valeur. J'aimerais assez une table de rappel dans le genre de la table *Ton, nom, mont* (*Supra* p. 107), dans laquelle chacun logerait dans la case appropriée tous les noms de même valeur numérique. Dans la case 34 qui pourrait être étiquetée *marron*, il y aurait intérêt à déposer et à juxtaposer tous les noms propres de même valeur numérique que l'on a à retenir : *Morin, Moreau*, etc., ainsi que nous l'avons déjà vu (*Supra* p. 79).

De la mnémonie topologique ou méthode des localités [1].

La mnémonie topologique était la méthode familière aux philosophes grecs. Un jour, le poète Simonide soupait chez son ami Scopas, homme riche et noble. Pendant cette agape on vint prévenir Simonide que deux jeunes gens l'attendaient à la porte et semblaient très pressés de lui parler ; il sortit et ne trouva personne ; il n'avait pas eu le temps de revenir sur ses pas que la salle du festin s'écroulait, écrasant tous les convives. Les parents de ces infortunés, nous disent Cicéron [2] et Quintilien [3], voulurent leur donner une sépulture, mais ils étaient tellement défigurés qu'on ne les put

1. Compar. *Supra.*, p. 33 et suiv.
2. De *L'orateur*, Liv. II, n° 86.
3. *Inst. orat.*, Liv. XI, chap. II. *sur la Mémoire*.

reconnaître. Simonide se souvenant de l'ordre dans lequel ils étaient tous assis, fut en état de désigner chacun d'eux et de rendre leurs corps à leurs familles respectives. Et, comme à quelque chose malheur est bon, la mnémonique naquit de cette catastrophe, laquelle avait conduit Simonide à comprendre que l'ordre est le meilleur et le plus sûr flambeau de la mémoire.

C'est cette méthode des localités que Cicéron nous décrit avec une si grande précision qu'elle porte encore quelquefois aujourd'hui le nom de *Méthode de Cicéron*. Il avait remarqué, comme Simonide, que les idées qui nous viennent et qui sont imprimées en nous par les sens sont celles qui se gravent le mieux dans notre entendement et que, de tous nos sens, la vue est le plus actif; que par conséquent nous retiendrions mieux ce que nous aurions pensé, si les yeux concouraient à le faire entrer dans notre esprit; que, de cette manière, les objets, même invisibles, prenant une forme et une image représentatives, nous retrouverions, en regardant ces signes, en nous-mêmes, ce qui, autrement, échapperait à notre pensée. Mais à ces corps, comme à toutes choses visibles en ce monde, dit-il, il faut des places; on ne peut concevoir un corps sans une place qu'il occupe[1].

1. *L'orateur*. Liv. II, n° 87.

Il faudra en conséquence choisir des lieux ou places et y ranger les images, que nous nous serons faites dans notre esprit, des choses que nous voudrons retenir ; de cette manière l'ordre des lieux conservera l'ordre des choses et l'ordre des choses représentera les choses mêmes[1].

Et ailleurs il dit : « Nous appelons emplacements certains objets, ouvrages de la nature ou de l'homme, si restreints, si bien déterminés, si remarquables, que la mémoire naturelle puisse facilement les saisir et les embrasser : ils sont un autel, un entre-colonnement, un angle, une voûte et autres choses semblables. Les images sont des formes, des signes, des représentations de la chose que nous voulons nous rappeler : par exemple, des chevaux, des lions, des aigles ; pour conserver la mémoire de ces animaux, nous en placerons les images dans certains lieux[2]... »

Et Cicéron d'ajouter : « De même que ceux qui connaissent les lettres peuvent écrire ce qu'on leur a dicté et lire ce qu'ils ont écrit, ainsi ceux qui ont appris la *mnémonique*[3] peuvent attacher à certains lieux les choses qu'ils ont apprises et, à l'aide de

1. *De l'orateur*, Liv. II, n° 86.
2. *Rhétorique*, Liv. III, n° 16.
3. Le traducteur, M. Delcasso, fait remarquer que par μνημονιχα les Grecs désignaient les emplacements où ils fixaient les images.

ces lieux, les redire de mémoire. En effet les emplacements ressemblent à la cire ou au papier, les images aux lettres ; l'art de disposer et de fixer les images est une sorte d'écriture ; prendre ensuite la parole, c'est en quelque sorte lire ». Si donc, l'on veut amasser de nombreux souvenirs, Cicéron conseille de se pourvoir d'une multitude d'emplacements, pour y déposer une grande quantité d'images, et il ajoute qu'il faut enchaîner ces emplacements dans un ordre successif, de peur que l'absence de liaison ne nous empêche de parcourir les images, en les prenant à notre gré par le commencement ou par le milieu, de reconnaître les souvenirs confiés à chaque lieu et de les en faire sortir[1]. Et il continue : « Si nous avions devant nous un grand nombre de personnes de notre connaissance rangées en ordre, il nous serait égal de les nommer en commençant par la première, par la dernière ou par celle du milieu : de même, une fois que les emplacements sont bien coordonnés, nous pouvons prendre le point de départ ou le lieu qui nous convient ; avertis par les images, nous retrouvons chaque idée au poste qui lui fut assigné ». Et voilà pourquoi Cicéron recommande de choisir des lieux disposés avec ordre et de fixer longuement nos méditations « sur ces précieux

---

1. Cicéron, *Op. cit.*, n° 17.

dépôts, afin de les conserver sans cesse ». En effet « les images comme les caractères écrits s'effacent dès qu'on ne s'en sert plus ; les emplacements, comme les tablettes, restent toujours à notre disposition[1] ».

A ces longues citations de Cicéron, ajoutons-en encore une de Quintilien[2]. « Vous prenez une place très vaste et diversement disposée, une grande maison, par exemple, divisée en plusieurs pièces. Vous vous fixez dans l'esprit, avec soin, tout ce qui se trouve en chacune d'elles de remarquable, jusqu'à ce que votre pensée puisse parcourir toute la maison et d'objet en objet, sans hésitation ni retard. L'essentiel est en effet de ne pas hésiter devant les objets, les souvenirs destinés à en faciliter d'autres devant être plus que sûrs. De plus, pour rappeler à l'esprit ce que vous avez écrit ou simplement médité, vous vous servez de tout signe emprunté à la matière que vous avez à traiter, qu'il s'agisse de guerre, de navigation, ou de quelque autre chose de ce genre. Que, s'il est question de navigation, le signe sera une ancre, de guerre, ce sera une arme. Cela étant, vous procédez de la façon suivante : vous placez la première de vos idées dans le vestibule, la seconde dans l'antichambre, et ainsi de suite, allant de

1. *Rhétorique*, Liv. III, n° 18.
2. *De l'Institution Oratoire*, liv. XI, chap. II.

chambre en chambre, de fenêtre en fenêtre, de statue en statue. Puis, quand est venu le moment d'appliquer ce procédé à la résurrection de votre souvenir, vous repassez en revue les pièces de votre maison, en commençant par la première et, par le seul fait qu'à chacune d'elles vous avez attaché une idée, son évocation dans l'esprit vous rappellera cette idée au même moment; de telle sorte que, si nombreuses que soient les choses à garder en mémoire, celles-ci s'y trouvant dans un ordre régulier et reliées entre elles comme par une sorte de chaîne, vous êtes absolument à l'abri de la confusion, à laquelle vous êtes exposé quand vous apprenez mécaniquement par cœur. »

Cette idée a été maintes fois reprise et, comme elle exprime en somme une conception juste, on ne saurait se lasser de la retrouver sous la plume des auteurs; c'est ce que note très justement Guyot-Daubès. Que font les dramaturges, si ce n'est de situer dans un cadre, dans un lieu palpable et visible les scènes qu'ils font débiter à leurs personnages? L'impression produite par l'audition ou la vue d'une pièce de théâtre ne se rgave-t-elle pas, de ce fait, beaucoup mieux dans la mémoire que si cette pièce avait été lue simplement? Et, ajouterons-nous, n'est-ce pas pour le même motif que les romanciers ont toujours le soin d'accompagner les passages les plus pathétiques de leurs œuvres, de la description des paysages et des milieux dans lesquels se déroulent les événements qu'ils désirent faire impression sur l'imagination du lecteur?

Dans *Anna Karénine*, Tolstoï nous montre un homme au lit qu'on a brusquement réveillé pour lui confier une lettre, en le chargeant de la remettre à une tierce personne. Notre homme se rendort et, quand la tierce personne se présente, réveillé à nouveau, il ne parvint à se rappeler où il a déposé la lettre qu'en reprenant dans son lit la position exacte qu'il avait au moment où cette missive lui avait été remise. Il avait éprouvé le besoin de reconstituer l'atmosphère de son souvenir.

C'est ce besoin de l'imagination de situer les idées et les choses [1] et de les placer dans un cadre qui a donné naissance à la *méthode des localités*. On ne retient bien que les choses vues réellement ou en imagination. C'est cette vision qui devient le levier de la mémoire. « C'est à ces images, que l'esprit se crée au milieu de ses lectures, disait un auteur anonyme du xviii° siècle, qu'il faut rapporter la difficulté avec laquelle on retient natu-

____

1. De cet ancien système de la topologie il nous est resté certaines expressions nouvelles : *topique, lieu commun, en premier lieu, en second lieu*, etc. — Rolin, *op. cit.*, 2° fasc. p. 4.

rellement les faits historiques, même ceux qui sont le plus susceptibles de description et par conséquent plus étendus, plus compliqués; mais l'esprit les dessine dans l'air et ne les fixe nulle part. Aussi ces images fuient bientôt, comme de légers nuages que chasse le vent. Le souvenir en reste confus; on se les rappelle comme le voyageur inattentif se retrace les paysages qu'il a vus en courant, sans pouvoir dire de quel pays ils font partie. Si ces images, au contraire, au lieu d'être figurées dans l'espace, étaient placées dans un lieu connu, où elles seraient pour ainsi dire déposées, on viendrait les retrouver au besoin comme un objet placé dans un vaste magasin ou plutôt comme on va revoir un tableau qui nous a frappés dans un musée, sans hésiter longtemps sur la place qu'il occupe; l'image rappellerait le lieu et le lieu rappellerait l'image. Ainsi encore, lorsque nous passons devant une maison, où il nous est arrivé autrefois quelque chose de remarquable, la vue de la maison nous reporte à l'événement; ou si l'événement revient à notre esprit, il y revient avec la vue du lieu où il s'est passé. »

Et, de fait, ainsi que le note Larousse, dans le souvenir d'une grande joie ou d'une grande affliction, nous nous remémorons le ciel, les arbres, le jour, l'heure, les incidents, en un mot toutes les circonstances qui se groupaient autour du fait principal, parce que toutes ces impressions concouraient alors à former une impression totale, qui était la joie ou la tristesse.

C'est ce que savaient à merveille les maîtres d'école du bon vieux temps qui ne se gênaient pas pour faire entrer dans les cerveaux récalcitrants de leurs élèves, au moyen de taloches bien appliquées, et surtout appliquées au moment propice, des règles de grammaire ou d'arithmétique, qui, jusqu'alors, n'avaient pu se frayer un chemin à travers la distraction de ces jeunes cerveaux. C'est ce que savait également ce paysan qui, nous en avons rapporté l'anecdote, administrait à son gamin une maîtresse gifle devant la borne de son champ, pour lui en graver l'emplacement dans la mémoire.

Tout le secret de la méthode des localités consiste donc à dessiner réellement ou mentalement les idées que nous avons à retenir ou à les situer dans un cadre familier, en les associant avec les objets connus de nous qui constituent ou meublent des localités que nous habitons ou dans le voisinage desquelles nous passons journellement.

Tout le monde a remarqué que très involontairement il s'établit souvent dans l'esprit une association d'idées irrésistible entre certains lieux et certaines idées. Je sais tel avocat, qui me contait un jour ne pouvoir passer place Victor-Hugo, sans songer à certain problème de droit qui avait trait, je crois, aux secrets du mur mitoyen. Pourquoi? Quel rapport y a-t-il entre cette place et ce concept de droit? Avait-il réfléchi à une difficulté pratique de cette nature, lorsqu'il passait un jour place Victor-Hugo?

Ou bien, lisant un jugement sur cette question dans une gazette judiciaire, sera-t-il, à cet endroit, entré en collision avec un passant?

Il peut se faire que cette association d'idées se soit créée plus simplement encore, sans déplacement, dans le cabinet de notre avocat, un jour que, lassé par l'aridité d'un dossier de mitoyenneté, il s'était laissé aller, par distraction, à se remémorer un fait divers dont il avait été témoin, un jour, dans ces parages.

Il y a de ces phénomènes de *simultanéité* bien connus des mnémonistes, qui n'ont pas manqué d'en faire leur profit. Et aussi bien, ce que le hasard a fait, la volonté peut le faire bien mieux encore.

S'agit-il d'un cours de droit sur le contrat de mariage, le professeur n'a apporté aucune note, aucun papier; il lui faudra cependant envisager successivement les différents régimes en usage, dans un certain ordre et sans en omettre aucun.

Le premier de tous, le plus fréquent, est celui de la *communauté légale*. L'idée lui est venue de le situer dans une mairie de Paris, où se célèbrent les mariages, le mariage étant la formalité unique des personnes qui ne font pas de contrat. Soit la mairie du IV* arrondissement, ou encore l'Hôtel de Ville, palais du maire de Paris.

La *communauté d'acquêts*, régime le plus habituel, en France, des personnes mariées avec un contrat, on pourra la situer tout à côté, place du Châtelet, à la Chambre des notaires, où se réunissent les officiers ministériels chargés de rédiger les contrats.

Continuant notre promenade, tournons à gauche et entrons dans l'île, en traversant le bras nord de la Seine sur le pont au Change. Ce cours d'eau symbolisera tout naturellement le régime dit *sans communauté* ou *exclusif de communauté*, régime où les intérêts des époux n'ont aucune pénétration. Nous nous représenterons très bien ces deux patrimoines toujours distincts, placés chacun sur une des rives de ce bras de Seine.

Que si nous poursuivons notre route vers le Quartier Latin, nous rencontrons à notre droite le Palais de Justice où se prononcent les divorces et les séparations judiciaires. Cela suffira à fixer dans notre souvenir les modifications de régimes résultant de la *séparation de corps* et de la *séparation de biens*.

Et, de ce pas, nous voici sur le pont Saint-

Michel. Il nous symbolisera la *séparation contractuelle de biens*, régime très comparable à ce régime sans communauté, que nous avions mis tout à l'heure à cheval sur le bras nord de la Seine. Ici encore les patrimoines sont séparés nettement par le cours d'eau.

Mais ce n'est pas tout. Il reste le *régime dotal.* Pour l'étudier à loisir, car c'est de tous les régimes le plus compliqué, on se sentirait bien à l'aise dans une étude de notaire.

Précisément, sur la place Saint-Michel même, apparaissent des panonceaux. C'est une étude de notaire. Quoi de plus naturel que d'y situer mentalement le régime dotal?

C'est par des moyens de ce genre que la topologie peut venir au secours de la mémoire. L'itinéraire vous est familier; les objets ou idées que vous y accrocherez au passage le deviendront par le fait d'un rattachement volontaire, d'une association réfléchie. Chacun de ces monuments vous rappellera un des termes de l'énumération et l'énumération se présentera ainsi d'elle-même à votre esprit au fur et à mesure des besoins du souvenir.

Une énumération beaucoup plus longue pourrait être retenue de la même façon et les subdivisions des chapitres en idées secondaires, sections ou paragraphes, pourraient se faire en situant chacune de ces subdivisions secondaires dans les différentes salles ou dans les différentes parties architecturales des monuments choisis comme divisions principales ou chapitres.

Aimé Paris dénomme *localité* un ensemble de dix objets saillants et réels, occupant dans cet ensemble des emplacements déterminés; il s'agira d'une étendue de terrain bornée par des divisions connues, d'un quartier d'une ville par exemple.

Le mot *sous-localité* signifie l'un quelconque de ces dix objets : dans un quartier, ce seront par exemple dix édifices, monuments, places ou carrefours bien connus de vous.

Un *groupe* est un ensemble de dix localités, de cent sous-localités par conséquent. Une ville peut être considérée comme un groupe. On la divisera en dix quartiers qui seront les localités et dans chacun des dix quartiers on élit dix sous-localités.

De convention expresse les numéros de groupes correspondront aux centaines, les numéros de localités aux dizaines et les numéros des sous-localités aux unités. Trois choses concourent à l'énonciation d'un numéro d'ordre même composé d'un seul chiffre, savoir : le *groupe*, la *localité* et la *sous-localité* et, quand le numéro ne comporte pas trois chiffres, on remplace ceux qui manquent par des zéros initiatifs. D'où la nécessité de numéroter les groupes, localités et sous-localités de 0 à 9 et non de 1 à 10.

Ainsi Paris pourrait être divisé en deux groupes, un groupe n° 0 et un groupe n° 1. Le groupe n° 0 serait formé des neuf premiers arrondissements; le groupe n° 1 irait du X° au XIX° arrondissement, et le XX° resterait pour compte.

Prenons le premier groupe, groupe 0. Il n'est pas complet, ne comprenant que neuf arrondissements. Il faut le compléter par une localité n° 0. Pour les besoins de la cause nous annexerons le bois de Boulogne à Paris. Ce sera notre localité 0. Dans le bois de Boulogne nous élirons dix sous-localités choisies en nous orientant vers le nord et qui devront être, autant que possible, réparties suivant la distribution topographique ci-après :

O

1	2	3
4	5	6
7	8	9

Le choix des emplacements est chose purement individuelle, d'après les souvenirs laissés à chacun par ses promenades au Bois.

Pour nous conformer aux règles de la mnémonie

9

topologique d'Aimé Paris, nous devrions chercher notre localité 1 dans le voisinage du Bois, dans une situation analogue à celle occupée par 1 par rapport à 0 dans le tableau ci-dessus, mais il était plus logique, dans l'espèce, d'aller chercher le 1er arrondissement là où il se trouve réellement. Le lecteur y choisira, selon sa connaissance des lieux, dix sous-localités disposées dans le même ordre que les dix sous-localités du Bois et ainsi de suite dans chaque arrondissement.

De la sorte, la sous-localité 6 dans le bois de Boulogne sera le point de rappel 006; la sous-localité 8 dans le IIIe arrondissement sera le point de rappel 038; la sous-localité 9 dans le IXe arrondissement sera le point de rappel 099.

Entrons maintenant dans le groupe n° 1. Nous devrions numéroter le Xe arrondissement localité 0 du groupe 1, le XIe arrondissement localité 1 du groupe 1. Gardons plutôt à chacun sa numérotation; ce sera plus simple. Nous admettrons donc que la sous-localité 5 du XIIe arrondissement est le point de rappel 125 et ainsi de suite jusqu'au numéro 199 qui sera la 9e sous-localité du XIXe arrondissement.

Nous pouvons même aller, sans sortir de Paris, jusqu'au numéro 209, en faisant du XXe arrondissement la localité 0 d'un groupe 2 à commencer et sauf à poursuivre la suite dans la banlieue voisine que l'on découperait en localités et sous-localités, mais il serait plus indiqué de faire de chaque autre ville connue de nous un groupe subséquent et séparé. Il n'y a au surplus aucune limite à ces fantaisies de l'imagination.

Au lieu d'opérer sur une ville, on peut choisir comme groupes des maisons, comme localités les chambres de cette maison et comme sous-localités des objets situés dans ces chambres; le tout est de s'entendre et de ne choisir comme points de repère que des lieux très connus de nous-mêmes, des emplacements et objets très familiers de notre vie domestique ou de nos promenades quotidiennes.

Guyot-Daubès raconte qu'un jeune écolier de sept à huit ans avait ainsi mnémonisé la série des rois de France. Dans sa chambre à coucher, où il faisait ses devoirs, il avait mentalement numéroté tous les parois et panneaux de sa chambre et jusqu'aux quatre côtés du tapis : « Pour se rappeler l'ordre de l'avènement des rois de France, l'enfant s'imagine voir, voit mentalement sur le panneau 1 l'image de Pharamond porté sur un bouclier, tel que le représente la tradition et qu'on peut le voir dans nombre d'histoires de France illustrées. Cela lui suffit pour se rappeler sans hésitation que Pharamond est le premier roi de France.

« Sur le panneau 2 se trouve en réalité une chromolithographie encadrée, représentant une petite marchande de fleurs ayant de grands cheveux blonds. Dans ce cadre, l'enfant place mentalement Clodion le Chevelu.

« Dans le cadre 3 se trouve le pendant de la petite marchande de fleurs ; c'est un jeune jardinier. Dans ce cadre l'enfant place Mérovée avec sa francisque.

« Au n° 4, sur le panneau, au-dessus de la porte se trouve un petit tableau où l'enfant place Childéric ; et ainsi de suite pour tous les autres rois. Clovis, par exemple, est supposé sur les vitres de la fenêtre, qui représentent, suppose-t-on, en vitraux, l'épisode du vase de Soissons.

« Dagobert est placé dans un petit cadre placé à la tête du lit de l'enfant ; dans ce cadre il y a des oiseaux. »

Il paraît que par ce moyen l'enfant était parvenu à retenir, en se jouant, toute la série des rois de France et se faisait un plaisir, un amusement même de les réciter.

On dit que ce moyen est recommandable pour retenir n'importe quelle nomenclature ou classification. Il suffit de convenir de certaines règles générales pour la situation des numéros sur les murs. Prenons les conventions d'Aimé Paris.

Le plafond d'une chambre étant supposé enlevé,

plongeons-y nos regards d'en haut. Puis supposons les quatre parois abattues; on obtient alors
le développement suivant, dans lequel chacune
des lignes pointillées figure la ligne de jonction
des parois qui, si elle pouvait s'abattre seule,
tomberait à égale distance des deux parois qu'elle
unit.

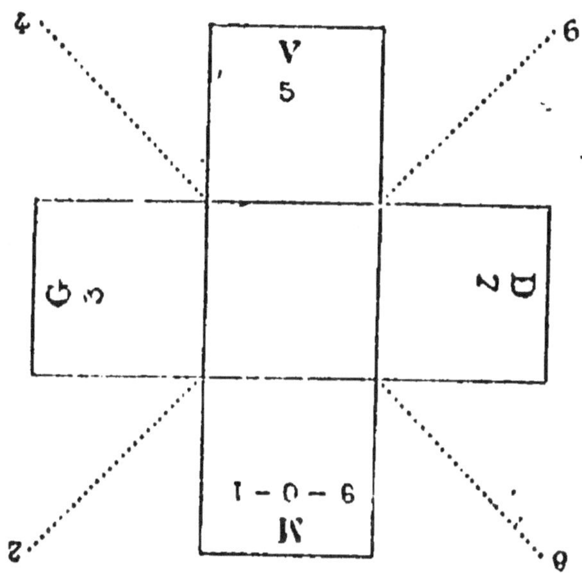

M, dans le langage d'Aimé Paris, veut dire paroi
du *mnémoniste*. Ce sera généralement la porte sur
laquelle on marquera 0; G veut dire paroi de
gauche, V paroi *vis-à-vis*, D paroi de *droite*.

On remarquera que les nombres impairs sont
au milieu des parois entières ou des demi-parois

considérées comme entières, et que les nombres pairs sont dans les angles.

Pour une nomenclature nombreuse on prendra les différentes pièces d'un même appartement, la salle à manger, le salon, les chambres à coucher, l'antichambre, voire même l'escalier, et on arrivera ainsi à mnémoniser sans grand effort des séries fort longues. Mais, dans tout ceci, il faudra s'exercer à associer très vite et faire preuve d'ingéniosité. Au seuil de chaque chambre il faudra un peu, comme l'homme de Pascal qui « parlait de ce dont on parlait quand il entrait », avoir assez d'esprit d'à-propos pour loger sans hésitation dans chaque coin les idées qui devront y demeurer et, pour cela, il faut avoir l'esprit de l'escalier, mais l'avoir en montant, comme le disait si bien René Doumic.

La classification de 0 à 9 et la subdivision en groupes, localités et sous-localités, qui paraissait tout à fait tombée en désuétude, est réapparue de nos jours, sous une forme nouvelle, la classification dite *décimale* des fiches de bibliographie. Dans ce système[1] on divise l'ensemble des connaissances humaines en dix parties numérotées de 0 à 9. Chaque branche est elle-même numérotée de 0 à 9. Suivant le même principe on poursuit

1. Nous empruntons ces explications au livre de M. Chavigny : *L'Organisation du travail intellectuel.*

les divisions pour ainsi dire à l'infini, en restant toujours dans le même cadre de subdivisions par dix.

La première division générale des sciences humaines a été établie ainsi :

0 Ouvrages généraux,
1 Philosophie,
2 Religion,
3 Sociologie,
4 Philologie,
5 Sciences pures,
6 Sciences expérimentales,
7 Beaux-arts,
8 Littérature,
9 Histoire.

Une des conventions de ce système est que les chiffres, par lesquels on catalogue un ouvrage ou une note, ou une fiche ne se lisent pas comme des nombres entiers, mais comme des chiffres décimaux: la première tranche, le premier chiffre d'un nombre par la gauche, désigne les classes du premier ordre; le second chiffre indique une subdivision du chiffre qui le précède à gauche, et ainsi de suite. C'est ainsi, par exemple que, si l'on rencontre dans la classification des notes portant les index 6150, 689 et 61, il ne faut pas classer ces notes comme s'il s'agissait de nombres entiers, mais bien dans l'ordre suivant 61. 6150 et 689, ces trois nombres appartenant à la même catégorie primaire, les deux premiers à la même catégorie secondaire et le troisième à une autre catégorie secondaire.

L'Institut bibliographique de Bruxelles, qui, sans le savoir peut-être, porte en lui l'hérédité des Aimé Paris et des Chavauty, a édité, à l'usage des bibliophiles, des brochures renfermant toute la classification décimale des dix catégories des sciences humaines.

M. Chavigny propose d'employer, comme méthode générale de travail, cette méthode conçue exclusivement en vue de la bibliographie. Les travailleurs de la pensée trouveront dans le petit livre de M. Chavigny de très utiles indications. M. Chavigny est un peu un contempteur de la mémoire. Une conciliation serait possible entre ce système de classification des fiches et les principes de la mnémonic topologique et il serait peut-être très profitable, sans classer précisément ses fiches dans son cerveau, de les classer dans son fichier d'abord, suivant la méthode Chavigny, et de procéder ensuite à une classification dans son cerveau, un peu comme le préconise Chavauty, mais en évitant les complications du cadre de torture de celui-ci. Ce serait la réhabilitation de la table de rappel.

De la mnémonie symbolique.

Nous avons vu en quel honneur Simonide et Cicéron tenaient la mnémonie topologique et la mnémonie symbolique, deux choses qui, à tort cependant, se confondaient à peu près dans leur esprit. Cicéron conseille d'embrasser dans un seul signe, dans une image unique, ou figure emblématique, le souvenir d'une chose tout entière ; par exemple : « L'accusateur prétend que le prévenu a empoisonné un homme, qu'il a commis ce crime pour avoir son héritage et qu'il y avait des témoins et des complices en grand nombre. Veut-on se rappeler d'abord cette accusation, de manière à l'avoir prête quand il faudra la réfuter, on représentera dans le premier emplacement l'image du fait tout entier : si nous connaissons les traits du malade, nous nous le figurerons lui-même dans son lit ; si nous ne le connaissons pas, nous supposerons un autre malade, d'un rang assez distingué pour qu'il nous revienne facilement à l'esprit. A côté du lit nous placerons l'accusé tenant à la main droite une coupe[1], de la gauche des tablettes[2] et portant suspendus au troisième doigt des ...[3]

1. Coupe contenant le poison.
2. Un testament en sa faveur.
3. Cicéron, parlant en latin, se permettait de braver l'hon-

de bélier. Ce tableau nous rappellera les témoins, l'héritage et l'empoisonnement. Ensuite on fixera les autres accusations selon leur ordre, dans les divers emplacements ; et toutes les fois qu'on voudra se rappeler une chose, si les figures ont été bien disposées, et les images nettement caractérisées, nous évoquerons facilement les souvenirs dont nous aurons besoin [1] ».

En ce qui concerne le choix des figures emblématiques, Cicéron conseille d'imiter la nature : « Si nous voyons dans la vie des choses insignifiantes, communes, journalières, il ne nous arrive pas souvent d'en garder la mémoire, parce qu'il n'y a que le nouveau ou l'étonnant qui frappe l'esprit. Mais, si nous voyons, si l'on nous raconte un fait d'une éclatante infamie ou d'une vertu signalée, une action extraordinaire, grande, incroyable, ridicule, nous sommes dans l'habitude de nous en souvenir longtemps. De même nous oublions aujourd'hui la plupart des choses qui se font ou se disent devant nous ; souvent, au contraire, nous avons parfaitement retenu ce qui est arrivé pendant notre enfance. La seule raison de cette différence, c'est que les impressions habituelles s'échappent facilement de la mémoire,

nêteté. Je ne le suivrai pas sur ce terrain ; mettons qu'il s'agissait d'une bourse en cuir.

1. *Rhétorique*, liv. III, n° 20.

tandis que les idées frappantes, inaccoutumées s'y gravent en traits ineffaçables. Le lever, la marche et le coucher du soleil n'excitent aucun étonnement, parce que c'est un spectacle de tous les jours; mais les éclipses du soleil nous étonnent, parce qu'elles arrivent rarement... » Et c'est ainsi que notre nature même nous apprend que des objets vulgaires et accoutumés ne peuvent lui donner éveil, et que, pour l'émouvoir, il faut du nouveau, de l'extraordinaire. De là l'utilité de recourir à des images représentant une action, de leur donner quelque parure, une couronne, une robe de pourpre, de les défigurer, en les couvrant de sang, de fange ou de vermillon, pour y ajouter une expression plus remarquable; ou encore de leur attribuer quelque chose de ridicule, « car c'est encore un moyen de les retenir plus aisément, puisque les caractères qui, dans la réalité, s'impriment volontiers en notre souvenir, sont aussi ceux qui, exploités par la fiction, se gravent sans peine et distinctement dans la mémoire »[1].

Voilà pour ce qui est de la représentation des idées ou des choses par des images. Cicéron a imaginé aussi de représenter par des images les ressemblances de mots, mais, de son aveu même, c'est une tâche plus difficile; il s'y évertue cepen-

___

[1]. *Rhétorique*, liv. III, n° 22.

dant, et nous retrouvons dans ses développements sur ce point[1] l'embryon de cet art si développé de nos jours par Chavauty et Rolin. « Déjà les rois, fils d'Atrée préparent leur retour en Grèce, *Jam domuitionem reges Atridæ parant.* » Telle est la phrase que Cicéron propose de retenir dans sa teneur littérale. Placez, dit-il, dans un de vos emplacements *Domitius* élevant les mains vers le ciel, lorsqu'il est déchiré à coups de fouet par ordre des Marcius *Rex* : *Regibus Marciis.* Cette image vous rappellera *jam domuitionem reges.*

Qu'est-ce à dire? — Voilà : Il faut savoir que *domuitionem* est une élision de *domum itionem,* retour au domicile. Il faut supposer en second lieu que l'auteur fait allusion à un fait connu de son temps et qu'il s'agit de la famille des *Marcius Rex* qui, au dire de Suétone, prétendait descendre du roi Ancus Marcius.

Placez dans un second lieu Esopus et Cimber — deux acteurs célèbres du temps — représentant, dans *Iphigénie,* Agamemnon et Ménélas : ainsi vous figurerez *Atridæ parant* et tous les mots se trouveront exprimés.

Le malheur est que, ni vous ni moi, n'avons connu ni Esopus ni Cimber, et que la figure de Domitius, dont nous n'avions guère entendu parler

____

1. *Rhétorique,* liv. III, n° 21.

jusqu'à ce jour, ne dit pas plus à notre esprit que la phrase même à retenir. Ceci prouve que les images doivent être l'œuvre de chacun et avoir trait à des circonstances très connues de la vie de chacun de nous. Cicéron l'avait si bien compris lui-même qu'un peu plus loin, il critique les Grecs qui avaient eu l'idée de représenter les mots les plus usuels par des images toutes préparées. « Telle similitude, dit-il[1], frappe celui-ci, telle autre frappe celui-là. Souvent, quand nous nous prononçons sur la ressemblance d'un portrait, tout le monde n'est pas de notre avis, parce que chacun a sa manière de voir. Il en est de même pour les images : celles qui nous paraissent nettement caractérisées paraissent à d'autres peu remarquables. Voilà pourquoi il est à propos que chacun se procure les images qui lui conviennent. »

Rolin[2] critique de façon très acerbe le principe même, ainsi que nous l'avons déjà noté, du symbolisme : « L'imagination, dit-il, ne peut pas être considérée comme un élément *primordial du souvenir, parce que ce qui est seulement né par l'imagination ne peut revivre que par elle*, et que celle-ci, étant de sa nature capricieuse et fantasque, offre la moindre garantie possible de

---

1. *Op. cit.*, n° 23.
2. *Op. cit.*, fasc. II, p. 5. — *Contra*, Piéron, *op. cit.*, p. 333.

ressusciter exactement la même vision qu'elle a formée précédemment. Autrement dit, pour garder le souvenir d'un objet créé par la fantaisie, il faut présumer l'existence de la mémoire elle-même et celle-ci est plus susceptible d'être oblitérée qu'améliorée par les efforts d'invention de sa volage compagne. Voilà cependant l'erreur contenue en germe dans le système de Simonide et qui, l'extrême ingéniosité de quelques-uns aidant, a fait proposer, comme contribuant à faciliter le souvenir, la création de scènes imaginaires, aussi bizarres, aussi grotesques, aussi incongrues que celles qui pourraient occuper le cerveau d'un homme ivre ». Et Rolin de conclure que, au lieu de soutenir la mémoire, ces inventions ne pouvaient en réalité qu'exciter l'imagination, l'exaspérer, la dépraver, en la forçant à concevoir des absurdités telles que rien de ce qui est véritablement et, *avant tout*, nécessaire à la mémoire, à savoir la logique et le bon sens, ne pouvait plus demeurer dans un cerveau capable d'accueillir et d'héberger, ne serait-ce qu'un instant, des inepties aussi monstrueuses.

CHAPITRE III

Essai de conciliation entre le système de l'éducation directe et la méthode mnémonique. Applications pratiques.

Comment tenter cette conciliation.

La conciliation que je préconise entre le système d'éducation directe et la méthode mnémonique consiste à recourir concurremment à des exercices d'entraînement de la mémoire, en développant la faculté d'attention et à faire appel, sans respect humain, à ceux des procédés de la mnémonique (et à ceux-là seulement) qui, sans revêtir des allures de casse-tête chinois ou de conceptions grotesques et cabalistiques, peuvent efficacement venir en aide à la faculté mémorative.

Atkinson préconise un certain nombre d'exercices de perception visuelle et de perception auditive que je crois utile de résumer.

Exercices de perception visuelle.

Apprenez à regarder, à observer. Atkinson conseille de se placer devant un objet familier, de le regarder, de fermer ensuite les yeux et d'évoquer tous les détails que l'on a retenus.

Rouvrir les yeux et constater ce qui a été oublié.

Recommencer jusqu'à résultat satisfaisant.

Deuxième étape : Substituer le dessin à la représensation mentale, sans prétention à la réussite artistique et en ayant le soin de commencer par des objets très simples.

Apprenez à analyser l'objet que vous regardez, au lieu de l'embrasser d'ensemble. S'il s'agit d'une figure, rendez-vous compte de la forme des yeux, du nez, de la bouche, etc. S'agissant d'une des personnes que vous connaissez le mieux, Atkinson fait remarquer que vous aurez probablement la plus grande difficulté à décrire son visage. Comment aurez-vous dès lors la prétention de retenir les traits des étrangers? L'analyse des détails pourra seule vous y aider.

Il est également profitable, mais c'est là une étape subséquente, de s'exercer à voir d'un coup d'œil le plus possible des détails constitutifs d'un tout. Entrez dans une chambre, jetez un coup d'œil circulaire et, sorti, récapitulez ce que vous avez vu. Rentrez, constatez ce que vous avez oublié et recommencez.

Faites de même à votre passage devant les vitrines des magasins, mais ne vous contentez pas d'enregistrer; faites après coup et de temps en temps le récolement de vos observations et comparez celles-ci à l'objet, en ayant soin de le regarder à nouveau, pour vous assurer de n'avoir rien oublié, ou plutôt d'avoir retenu le plus possible, car ou ne peut jamais se vanter d'avoir tout vu.

Atkinson nous donne enfin un conseil des plus profitables. « Le soir, dit-il, repassez les affaires de la journée écoulée et tâchez de vous remémorer et de décrire les choses et personnes que vous avez rencontrées, que vous avez vues. Au début vous ne vous rappellerez que peu de choses. Au bout de quelque temps vous verrez affluer les détails. Il viendra un moment où il vous suffira d'avoir observé attentivement un objet pendant quelques secondes pour le retenir dans tous ses détails. Bien mieux, vous en arriverez à retenir des choses que vous croirez n'avoir pas observées. L'observation sera passée dans le domaine de la subconscience. D'ailleurs, dans tous ces exercices, il faut toujours aller du simple au composé et tâcher de percevoir au début les grandes lignes plutôt que les détails secondaires. »

Exercices de perception auditive.

Il faut aussi éduquer l'attention de l'ouïe et cela est du plus grand intérêt, s'il est vrai, comme on le prétend, que la moitié des cas de surdité est due à l'inattention. Suivant Arréat[1], si la vue et l'ouïe nous mettent également en communication avec le monde extérieur, « la vue laisse les choses existantes en dehors de nous ; elle est un sens objectif. L'ouïe est plutôt un sens subjectif ; l'impression qu'elle nous transmet est comme détachée des objets, elle ne nous tire pas aussi franchement hors de nous-mêmes » et il en conclut que les auditifs sont moins dissipés que les visuels. « L'ouïe est liée à la parole et la parole l'est à la pensée ». Cultivez donc la faculté auditive. Vous cultiverez par là même l'attention elle-même. Les résultats à obtenir sont d'ailleurs surprenants.

Atkinson dit que les aveugles ont l'ouïe tellement fine qu'ils peuvent, d'après le son de leurs propres pas, dire s'ils passent devant un objet stationnaire et par le même moyen peuvent distinguer un homme immobile d'un réverbère.

Que peut-on faire pour éduquer l'ouïe ? — Il suffit d'y penser et d'appliquer cette attention aux différentes circonstances de la vie. Selon le conseil du même Atkinson, dressez l'oreille au moindre son.

1. *Op. cit.*, p. 86.

Quand vous vous promenez dans la rue, tâchez de percevoir les conversations des passants. En toutes circonstances tâchez de reconnaître la voix ou le pas des personnes qui sont dans les pièces avoisinantes. Tâchez, dans le milieu où vous évoluez, de retenir les timbres des voix familières, de discerner, sans le secours des yeux, qui parle derrière vous ou dans la pièce voisine. Vous remarquerez que les personnes des différents pays et des différentes parties d'un même pays ont des tons et des particularités de langage différents. Atkinson a connu des voyageurs qui pouvaient presque toujours dire de quelle partie du pays venait telle ou telle personne simplement en l'entendant parler. Il cite l'exemple d'un sujet qui savait distinguer la moindre différence de son entre les pas des personnes qui vivaient dans son entourage. « Vous trouverez intéressant et profitable, ajoute cet auteur, de vous rappeler les mots précis qui vous ont été dits au cours de la journée écoulée. Bien peu de gens sont capables de redire exactement ce qu'on leur a dit quelques moments avant. L'inattention en est la cause. Tous les patrons savent combien peu on peut compter sur l'attention et la mémoire de la moyenne des employés. En éduquant votre attention et votre mémoire dans cette voie, vous pouvez en retirer des avantages dans votre vie des affaires ».

Voilà pour les deux principaux organes et il appartient à chacun de nous, d'après l'innombrable variété de ses occupations, d'appliquer par analogie de pareils exercices au développement de l'attention pour les mémoires olfactive, tactile, gustative ou motrice.

Cette dernière à une importance bien plus considérable qu'on ne le croit communément; elle se traduit principalement par les mouvements de la main et par ceux de l'organe vocal. L'orateur, dit Arréat, en une certaine mesure, pense et se souvient avec ses muscles. Prononcer très distinctement le nom d'une chose ou d'une personne, en la regardant ou en se la représentant, est une garantie et un renforcement du souvenir.

Mais, ne l'oublions pas, la mémoire proprement dite est une faculté intellectuelle et non physique; si, pour l'oreille, le mot est un son, pour l'esprit c'est un concept. Nos sens sont des appareils à transformer des phénomènes physiques en représentations psychiques. Il en résulte que l'homme doué d'intelligence a la mémoire non seulement des perceptions sensorielles, mais aussi des raisonnements abstraits. Mais à cet égard, il faut noter que peu d'hommes peuvent retenir un concept purement intellectuel et que, pour être conservé dans la mémoire, il faut généralement qu'il ait été coulé dans une forme perceptible pour nos sens, phrases, formules ou schémas. Le souvenir se perpétuera grâce à l'enchaînement du raisonnement ou grâce à des remarques plus ou moins factices. La mémoire des parties constitutives d'un raisonnement dépendra .de la clarté de leur conception, de l'attention dont elles auront été l'objet et de la fréquence de leur évocation.

Des moyens très efficaces de venir au secours de la mémoire peuvent être empruntés à l'observation, au raisonnement, à l'association des idées et à l'imagination, mais nous connaissons cela.

Analyse des rapports existant entre les mots.

Nous ne saurions trop recommander à tous ceux dont l'attention est défaillante et dont la mémoire laisse par conséquent à désirer, de bien se pénétrer des développements fournis ci-dessus p. 93.

Il est essentiel de s'assimiler parfaitement la classification des rapports pouvant exister entre les différents mots (*supra* p. 94). L'assimilation des 100 mots types proposés par Rolin constituera le second exercice. Après s'être assimilé cette première chaine construite à son intention, le lecteur est invité à en construire d'autres lui-même et à repasser *quotidiennement* et dans les deux sens les gammes ainsi assimilées, ou tout au moins une gamme d'une centaine de mots. Ce sera le second exercice.

Pour faire ces exercices, je crois qu'il serait très utile de disposer sur le papier ou mentalement les mots constitutifs des chaînes sur un cadre ou des cadres du type rapporté *supra* p. 129.

Prenons pour exemple le problème du cavalier, que nous donne Rolin comme un type de tour de force, peut-être sans grande utilité pratique, mais de nature à démontrer de façon frappante le résultat tangible auquel on arrive avec un peu d'exercice.

La donnée du problème consiste, on le sait, à prendre un échiquier, à faire partir le cavalier d'une quelconque des soixante-quatre cases et, en soixante-quatre coups, de les lui faire parcourir toutes suivant la marche ordonnée par le jeu d'échecs, sans jamais repasser par la même case. Ce problème est d'une extrême difficulté. Or il est aisé de le résoudre au moyen d'une table de 64 mots que nous donne Rolin, la traduction de chacun de ces mots donnant des nombres dont le premier est le numéro de la case et le deuxième le numéro de la rangée horizontale à laquelle appartient cette case.

L'itinéraire du cavalier est le suivant : 1re case du 1er rang, 3e case du 2e rang, 5e case du 1er rang, etc.

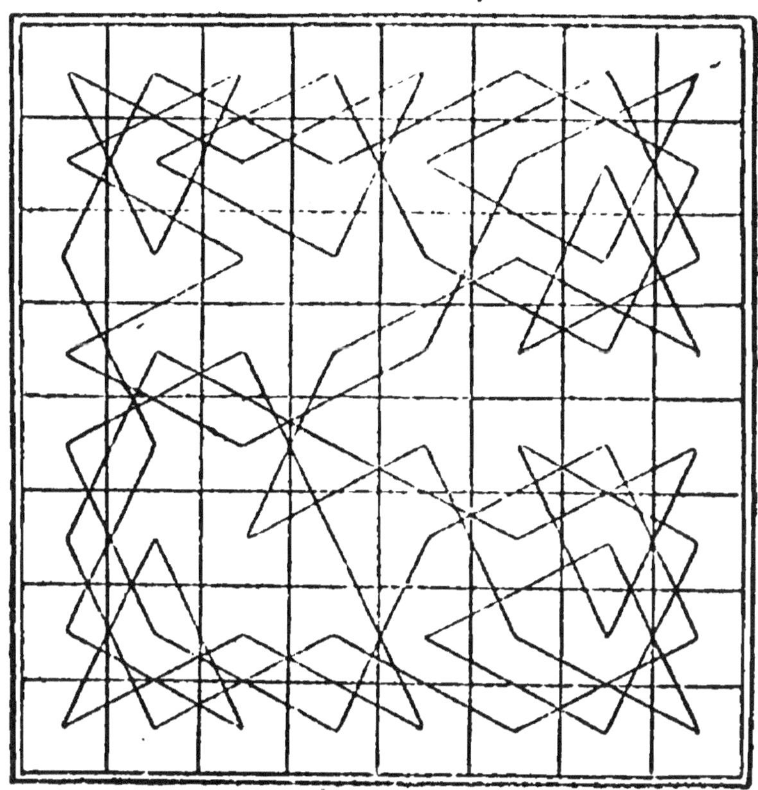

La chaîne de Rolin est la suivante :

1. Tondu
2. Moine
3. Latin
4. Rome
5. Annone[1]
6. Rendu
7. Aliment
8. Cru
9. Vigne
10. Jus doux

[1]. L'*annone* désignait dans l'ancienne Rome le produit *rendu* chaque année par les récoltes.

11.	Reine[1]	31.	En avant
12.	Haine à Dieu	32.	Danger
13.	Démon	33.	Honneur
14.	Agnel[2]	34.	Royal
15.	Doux gars	35.	Chiche
16.	Homme fait	36.	Vil
17.	En âge	37.	Coquin
18.	Tout vieux	38.	En geôle
19.	Magot	39.	En voyage
20.	Enlevé	40.	Convoi
21.	Argent	41.	Lieu gai
22.	Marc	42.	Coin joyeux
23.	Talent	43.	Vif
24.	Nigaud	44.	Chant gai
25.	Air fou	45.	Alléluia
26.	Loge	46.	Ame en joie
27.	Clef	47.	Rire
28.	Fugue	48.	Gémi
29.	Gens fuyant	49.	Affres
30.	Héroïque	50.	Agonie

1. La reine des vergers est une des meilleures espèces de pêche.

2. Vieux mot français, agneau, effigie d'une ancienne monnaie d'or représentant l'agneau pascal.

51. Jouir	60. Huître
52. Fin mets	
53. Gâteau	
54. A l'anis	61. Mets mou
55. Goût mis	62. Dîner
56. Éventé [1]	63. Monde
57. Jeune	64. Animé
58. Luron	
59. Malin	

Apprendre cette chaîne est aisé; la traduire en chiffres est non moins aisé pour qui en a pris l'habitude et l'étonnement de l'auditoire ne serait pas mince en présence d'un expérimentateur, tournant le dos à la société et dictant les coups à quelqu'un qui marquerait successivement chaque case d'un trait de craie sur l'échiquier. Mais il serait assez peu indiqué d'avoir une défaillance de mémoire. Qu'il me soit donc permis de suggérer une combinaison de la méthode Rolin avec la méthode des localités et de préconiser à l'expérimentateur de disposer ses mots sur un cadre du type rapporté *supra* page 129 et qui serait le suivant [2]:

1. Eventé, qui a le sens de « altéré par l'évent », a aussi celui de « étourdi, inconsidéré ».

2. La mémoire visuelle viendra ainsi à la rescousse de la mémoire des mots de liaison et vous aurez l'assurance, cherchant chaque mot à sa place, de n'en jamais passer aucun. Et, si vous savez la sténographie, écrivez les mots en signes conventionnels.

Tondu

Moine	Latin	Rome
Annone	Rendu	Aliment
Cru	Vigne	Jus doux

En avant

Danger	Honneur	Royal
Chiche	Vil	Coquin
En geôle	En voyage	Convoi

Reine

Haine à Dieu	Démon	Agnel
Doux gars	Homme fait	En âge
Tout vieux	Magot	Enlevé

Lieu gai

Coin joyeux	Vif	Chant gai
Alléluia	Ame en joie	Rire
Gémi	Affres	Agonie

Argent

Marc	Talent	Nigaud
Air fou	Loge	Clef
Fugue	Gens fuyant	Hé- roïque

Jouir

Fin mets	Gâteau	A l'anis
Goût mis	Eventé	Jeune
Luron	Malin	Huître

Mets mou

Diner	Monde	Animé

Comme troisième exercice, Rolin invite à prendre une série quelconque de mots et, entre chacun d'eux et le suivant, à intercaler un ou plusieurs mots intermédiaires à trouver, qu'on appelle *mots de liaison*. La liaison doit s'inspirer du sens, de l'idée (analogie de sens, opposition ou association d'idées), plutôt que de la consonnance. A défaut de liaison idéologique, il faudra cependant, sans trop de mauvaise grâce, recourir à une liaison basée sur l'analogie de son, telle qu'elle a été définie *supra* p. 94.

Entre *cheval* et *pont*, on intercalera *fer*. Entre *bouche* et *Cicéron* on intercalera *orateur* ou bien on dira, ce qui est moins recommandable : *Bouche, bec, héron, Cicéron.*

Les mots de liaison doivent être aussi peu nombreux que possible, un de préférence, deux au plus, suivant le conseil de Chavauty. Rolin, plus indulgent, en admet jusqu'à quatre. D'ailleurs, ainsi que le note celui-ci, quand la liaison est bien faite et bien analysée, il arrive ce résultat très singulier qu'après un temps relativement court, les chaînons entre deux extrêmes n'ont plus de raison d'être, et que, comme une sonnerie électrique répond à l'instant à la pression du bouton, avec la même rapidité, avec la même instantanéité, le second extrême répond à la seule évocation du premier.

Dans la pratique, il n'est pas nécessaire qu'on

aperçoive plus d'une liaison possible entre deux mots pour avoir, par cela même, l'élément du souvenir, mais, noté Rolin, il n'est pas possible qu'on arrive au résultat d'en découvrir facilement une dans tous les cas, sans s'y être beaucoup exercé. Il faut que l'on acquière l'aptitude à faire avec une extrême rapidité *l'inventaire* des notions que l'on possède, que l'on s'habitue à apercevoir la valeur précise de chaque mot, toutes ses diverses significations, toutes ses faces, tous les points par lesquels il peut donner lieu à un contact étroit avec un autre. Il y a là une discipline à s'imposer, une méthode à suivre, et cette méthode, Rolin la formule en indiquant dans l'énumération ci-après les diverses directions dans lesquelles il faut chercher pour rattacher un nom N avec un autre nom proposé :

1° Quelles sont les diverses acceptions et les synonymes de N ?

2° Quels sont les contraires de N ? ou avec quels mots N présente-t-il un rapport d'opposition ?

3° Quelles sont les parties de N ? ou inversement de quoi N fait-il partie ?

4° Dans quel lieu N se trouve-t-il ordinairement ?

5° Dans quel temps, moment de la journée, époque de l'année se présente-t-il ?

6° A quelle science ou à quel art se rapporte-t-il?

7° A quel ordre d'objets créés appartient-il? Quelles sont ses espèces ou, s'il est lui-même une espèce, dans quel genre rentre-t-il?

8° Quelles sont ses qualités caractéristiques, les états passagers dans lesquels il peut se trouver?

9° Quels sont ses effets, les choses, phénomènes ou actes avec lesquels il est en rapport et auxquels il est destiné?

10° Quels sont les objets avec lesquels N se trouve naturellement en contact?

11° Quels sont les mots avec lesquels N s'associe dans des expressions qui nous sont familières?

12° Enfin et en dernier lieu (toujours parce que, suivant le principe de Rolin, les analogies phoniques sont, entre les mots de sens commun, les dernières auxquelles il faille recourir), quels sont les mots dans lesquels la majorité ou la totalité des consonnances de N se retrouve, en adoptant de préférence les mots dont ces homophonies occupent la première partie?

Appliquant ce procédé interrogatif à un mot quelconque, au mot *Lune* par exemple, Rolin donne les réponses ci-après aux douze interrogations ci-dessus énumérées.

1° Phœbé, mois.

2° Soleil, plein midi.

3° Quartier. rayons, cornes, montagnes, tache.

4° Ciel, firmament.

5° Soir, nuit.

6° Astronomie, minéralogie.

7° Astre, planète, satellite.

8° Lumière, lumineuse, ronde, pleine, disque, croissant, décroissant, déclin, pâle, voilée, rougeâtre.

9° Gelée, marée, éclipse, halo, phase, période, changement, observation.

10° Nuage, horizon.

11° Demi, trou, miel, rousse, dents.

12° Dune, hune, lunaire, Lunel, lunatique, lunule, lunette.

A titre d'exercice, Rolin donnait à ses élèves la tâche de relier successivement le mot *lune*, par deux intermédiaires au plus, à un certain nombre de mots proposés, en n'utilisant jamais qu'avec la plus entière réserve les analogies simplement phoniques.

Reliez les mots :

Lune et livre.
—   — garde.
—   — aiguillon.
—   — lait.
—   — chasse.
—   — scolaire.
—   — Louis XIV.

Lune et Lys.
— — châtiment.
— — encre.
— — Emile.
— — lentille.
— — musique.
— — porte.
— — guéridon.
— — société.
— — terreur.
— — indulgence.
— — bataille.
— — texte.
— — lin.
— — chance.
— — Prusse.
— — doigt.
— — tapis.

En procédant à de semblables exercices, on acquiert l'habitude d'apercevoir une multitude de rapports possibles entre deux mots donnés, mais c'est là une question de pratique. C'est, paraît-il et nous le croyons sans peine, un travail excessivement fructueux. A cet égard on recommande de se servir le plus possible de liaisons logiques et enfin, lorsqu'on recourt à des liaisons phoniques, de le faire dans les conditions les plus rigoureuses, en n'atteignant jamais un mot phoniquement que par la dernière syllable du mot précédent. On peut, par un semblable exercice, arriver à des résultats surprenants. C'est ainsi que Rolin propose de rechercher tous les groupes possibles de mots de liaison entre *pied* et *pot*. Il donne lui-même cent groupes qu'il me paraît intéressant de reproduire à titre de curiosité :

1. *Pied*, soulier, cuir, cuire . . . . *Pot.*
2. — argile, terre . . . . —
3. — main, fer . . . . —
4. — bot . . . . —
5. — piège, appeau . . . . —
6. — main, gant, peau . . . . —
7. — piédouche, douche, eau . . . . . . —
8. — coup, sourd . . . . —
9. — cochon, fromage, beurre . . . . . . —
10. — plante, rosier, roses . . . . —
11. — pas, danse, anse . . . . —
12. — droit, impôt . . . . —
13. — cheville, vers, terre . . . . —
14. — talon, rouge, rose . . . . —
15. — pied, alouette, oiseau, eau . . . . . —
16. — mesure, litre, vin . . . . —
17. — plante, feuille, tabac . . . . —
18. — œuvre, ouvrier, travail, repos . . . —
19. — mur, mûr, pourri . . . . —

20. *Pied*, cap, golfe, eau. . . . . *Pot.*
21. — terre . . . . —
22. — plat, fin, fond . . . . —
23. — sûr, aigre, lait. . . . . —
24. — plante, fleur . . . . —
25. — cou, peau . . . . —
26. — sec, humide, eau. . . . . —
27. — vers, terre. . . . . —
28. — orteil, gros, ventru. . . . . —
29. — cap, anse . . . . —
30. — cap, capot. . . . . —
31. — ferme, terre . . . . —
32. — patte, ancre, fer . . . . —
33. — grue, chaîne, fer. . . . . —
34. — arbre, fruit, pourri. . . . . —
35. — lettre, esprit, bête . . . . —
36. — tête, chapeau . . . . —
37. — petit. . . . . —
38. — aile, poulet, poule . . . . —
39. — léger, inconstant, fortune. . . . . —
40. — tête, oreille, sourd. . . . . —
41. — trépied, Sibylle, Cumes, écumer. . —
42. — appel, pelle, feu . . . . —
43. — couvre, feu. . . . . —
44. — couvre, couvercle. . . . . —
45. — arme, fusil, feu. . . . . —
46. — mouton, doux, confiture. . . . . . —
47. — lettre, a, panse. . . . . —

48. *Pied*, verre, bière . . . . *Pot.*
49. — marcher, marchand, vin. . . . . —
50. — cloche, son, plein . . . . —
51. — cou, bouteille, vin . . . . —
52. — perdu, jeu, fortune . . . . —
53. — perdu, jeu, poule. . . . . —
54. — cloche, sou, sourd . . . . —
55. — cochon, gras, ventru . . . . —
56. — bas, haut, eau. . . . . —
57. — main, poignée, couvercle. . . . . . —
58. — pouce, pousser, roue, fortune . . . —
59. — plante, plantation, riz, poule. . . . —
60. — sec, vin. . . . . —
61. — tête, pensée, panse. . . . . —
62. — tête, pensée, fleur. . . . . —
63. — plain, plein . . . . —
64. — cloche, battant, fer. . . . . —
65. — cloche, battant, battu, fer. . . . . . —
66. — sabot, roue, fortune. . . . . —
67. — talon, rouge, peau . . . . —
68. — cor, chasse, chassepot . . . . —
69. — soulier, cirage, noir . . . . —
70. — vers, vert, pourri. . . . . —
71. — soulier, cuir, peau . . . . —
72. — avancer, avancé, fruit, pourri. . . . —
73. — arbre, science, anse . . . . —
74. — cap, baie, fruit, pourri . . . . —
75. — terre, mer, bords. . . . . —

76. *Pied*, terre, boue, vase. . . . . *Pot.*
77. —   ferme, vache, lait. . . . . —
78. —   rogne, peau . . . . —
79. —   verre, vin . . . . —
80. —   montagne, crête, coq, poule. . . . . —
81. —   plat, figue, fruit, pourri. . . . . . . —
82. —   pantoufle, robe de chambre, chambre. —
83. —   levé, jour, nuit. . . . . —
84. —   nu, couvert, couvercle . . . . —
85. —   vigne, vin . . . . —
86. —   patte, oie, bête. . . . . —
87. —   talon, rouge, rose . . . . —
88. —   talon, rouge, bord . . . . —
89. —   mur, pierre, grès. . . . . —
90. —   fourche, fendre, fêlé . . . . —
91. —   plat, sabre, fer. . . . . —
92. —   cloche, fêlé . . . . —
93. —   cloche, melon, chapeau. . . . . . . —
94. —   mur, pierre, bière . . . . —
95. —   marin, mer, terre. . . . . —
96. —   mouton, laine, drap, drapeau . . . . —
97. —   plante, osier, panier, anse. . . . . . —
98. —   table, tableau, couleur . . . . —
99. —   table, tableau, croûte. . . . . —
100.—   valet, écuyer, écuyère, cuiller. . . . —

Il n'en faut pas tant pour démontrer que, n'ayant jamais besoin que d'une chaîne entre deux mots et non de cent, il sera toujours possible de la trouver et Rolin affirme que l'exercice permet d'apercevoir avec une grande promptitude les *meilleures* de toutes les liaisons possibles.

On comprend facilement le parti que l'on peut tirer d'un semblable système, lorsque l'on s'y est bien exercé. La syncope, dit Littré, est la liaison de la dernière note d'une mesure avec la première de la mesure suivante, *pour en faire comme une seule note*, et il cite, à titre de développement, cet extrait d'un ouvrage spécial sur la matière : « La syncope se fait lorsque, dans une partie, la fin d'une note est entendue en même temps que le commencement d'une note de la partie opposée ». Lors donc que Rolin parle *d'accrocher* une notion à une autre, une notion nouvelle à une notion ancienne et déjà bien possédée, la façon dont il veut qu'on arrive à ce résultat est que, dans nos notions anciennes, nous en choisissions une dont nous puissions rapprocher la notion nouvelle [1], si bien que celle-ci forme comme une continuation de la précédente, fasse avec elle *comme une seule note*.

La tournure d'esprit que l'on peut acquérir à cette gymnastique permet d'appliquer une péné-

1. Un rapprochement peut être établi entre ce procédé et la méthode dite *concentrique* préconisée par Seignette, laquelle « part du connu pour aller à l'inconnu, de ce qu'on sait pour aller à ce qu'on ne sait pas ».

tration et une subtilité particulières à l'étude de toutes les sciences et de l'histoire en particulier. Habitué à apercevoir entre toutes choses ou entre tous les mots qui signifient les idées des choses un de ces trois rapports, suivant lesquels nous avons établi, dit Rolin, que sciemment ou inconsciemment s'opère le fonctionnement de la mémoire, l'esprit les découvrira dans la nature des événements eux-mêmes, dans la situation ou le caractère des personnages en jeu, si bien que chaque nouvelle notion, chaque date d'histoire, par exemple, nouvellement acquise, loin d'être un fardeau pour la mémoire, procurera à celle-ci un soutien de plus. « Il classera par. exemple, comme ayant un rapport d'*analogie* entre eux, d'une part, les naissances, les avènements, les inventions, les découvertes, toutes choses impliquant l'idée de quelque chose *de nouveau*; et, d'autre part, les idées de mort, d'abdication, de catastrophe, de fléau, de bataille, tous événements éveillant l'idée commune *de destruction*.

« Le rapport d'*opposition* créera un lien mnémonique naturel d'une naissance à une mort, d'un mariage à un divorce, d'une guerre à un traité de paix, d'une alliance à un schisme, d'une date *avant* J.-C. à une date *après* J.-C. et tel serait, comme exemple de ce dernier cas, le souvenir de Napoléon Ier *destructeur des peuples*, l'an 1821 de l'ère chrétienne, opposée à celle d'Abraham *père des peuples*, l'an 1821 avant J.-C. »

Rolin nous donne un grand nombre d'exemples de rapports semblables que l'habitude permet d'apercevoir entre les personnages ou les événements ; je n'en citerai que quelques-uns pour donner une idée de la perspicacité à laquelle on peut arriver :

« Les deux grands philosophes, précurseurs de la Révolution française, y ayant tous deux contribué par leurs ouvrages, J.-J. Rousseau et Voltaire, meurent l'un et l'autre en 1778.

« Deux illustres intransigeants, l'un de la musique, l'autre de la polémique, deux caractères également entiers et turbulents, Richard Wagner et Louis Veuillot, sont nés et morts aux mêmes années 1813-1883.

« Deux naturalistes célèbres, Linnée et Buffon, sont nés en 1707. De plus, il est à remarquer que l'année de la mort de Linnée, 1778, est celle de la naissance d'un autre naturaliste célèbre, de Candolle.......

« Le tremblement de terre de Lisbonne a eu lieu en 1755. La même année furent découvertes les ruines de Pompéi détruite par une éruption du Vésuve...

« Galilée, célèbre astronome (né en 1564), meurt en 1642. Cette même année 1642, naît

Newton, l'astronome anglais (mort en 1727). Halley, autre fameux astronome anglais (né en 1656), meurt en 1742.

« La guerre de *Sept Ans* se déclare en 1756. Cette même année vient au monde Mozart, dont une des particularités illustrant l'existence est l'étonnante tournée musicale qu'il entreprend à l'âge de *sept ans*, sous la conduite de son père, en France, en Allemagne, en Hollande et en Suisse. Mozart, le Dieu de la Mélodie, meurt en 1792. Cette même année naissent un prince de la mélodie, Rossini, le Cygne de Pesaro et, à la même époque, le plus grand mélodiste de la poésie, Lamartine, auteur des *Harmonies*. Ces deux derniers meurent en 1869, au cours de la même année que Berlioz, un des prophètes de l'évolution musicale, dans le sens de l'*harmonie*. Celui-ci était né en 1803, l'année de la mort de *La Harpe*, nom musical...

« Ambroise Paré, *réformateur* de la chirurgie de son temps, soupçonné par l'histoire de s'être fait calviniste, vient au monde l'année de l'établissement de la *Réforme* en Allemagne, en 1517. Il meurt en 1590, année de la victoire à Ivry, d'Henri IV, prince *réformé*, sur les ligueurs catholiques, dont le chef, Charles de Bourbon-Vendôme, mort cette même année 1590, était né aussi la même année qu'Ambroise Paré, en 1517. »

Application à la mnémonisation des noms propres.

Napoléon était adoré de ses soldats, parce qu'il les appelait par leurs noms; Périclès connaissait par leurs noms tous les Athéniens. Combien, par contre, ne voyons-nous pas de nos contemporains ne pouvoir même retenir les noms de leurs intimes. Pour développer cette faculté, Atkinson conseille de répéter à haute voix le nom d'une personne qu'on vient de nous présenter : « On fait ainsi appel à la mémoire auditive par une impression réitérée du son, ainsi qu'à l'impression générale abstraite du nom. La difficulté éprouvée par certaines personnes est due à ce qu'elles ne *pensent* pas au nom des gens qu'elles rencontrent. Elles ne laissent pas le nom s'imprimer dans leur esprit, parce qu'elles accordent toute leur attention à l'aspect ou à la personne en général de l'étranger, à son métier, etc. ». Pensez donc au nom, examinez-le, voyez à quel nom commun il ressemble, ou quelle idée il évoque. Ecrivez-le au besoin ; écrivez-le de préférence en sténographie. Le moyen que j'ai indiqué (*supra* p. 78) de classer les noms d'après la valeur numérique des articulations rentrant dans leur composition est des plus recommandables.

Le Dr Pick nous donne un autre moyen d'une

rare efficacité. En toute circonstance, dit-il, la première chose dont nous ayons à tenir compte est notre première impression. Voici le connu et il faut partir de ce connu pour arriver à l'inconnu. L'inconnu c'est le nom propre. Chaque nom propre peut être d'une façon plus ou moins approximative rapproché d'un nom commun avec lequel il présentera une analogie qui, pour les noms propres, ne sera généralement qu'une analogie de son. Cela étant, dit Rolin, et connaissant ce que nous savons de la manière de relier un mot à un autre, ce que nous avons à faire, c'est de prendre comme point de départ le trait caractéristique, la particularité quelconque qui nous a le plus frappé lorsque, la première fois, cette personne nous est apparue.

S'il s'agit d'une personne que nous ne connaissons que par son image ou par le récit qu'on nous en a fait, le point de départ sera ce qui nous a le plus frappé dans ce que nous avons appris d'elle.

Exemple : qu'est-ce qui vous a le plus frappé quand on vous a montré le portrait de Napoléon. Si vous répondez : *ses cheveux plats*, Rolin vous construira cet enchaînement :

Cheveux plats, plat, table, nappe, *Napoléon*.

Application à l'étude des langues étrangères.

S'agit-il de l'étude des langues étrangères, les mnémonistes recommandent d'aller du mot français connu au mot étranger encore inconnu au moyen d'un intermédiaire.

Exemples :

En grec :

Juger, crime, κρίνω.

Fermer, clef, κλείω.

En latin :

Maison, toit, dôme, *domus*.

Pur, eau, mer, *merus*.

En allemand :

Verre, verglas . . . . *Glas*

Lorgnon, verre, brille . . . . *Brille*

Encre, encre teinte . . . . *Tinte*

et ainsi de suite avec des transitions plus ou moins heureuses :

Fromage, caséine. . . . . *Käse*

Moutarde, senevé . . . . *Senf*

Viande, blessure, flèche. . . . . *Fleich*

Épée, dégainer . . . . *Degen*[1]

Charbon, noir, blanc, faux col . . . . *Kohl*

En anglais :

Arbre, bois, charpenterie. . . . . *Tree*

1. Se prononce Dégueune.

Raisin, grappe. . . . . *Grippe*

Ces procédés artificiels sont assurément recommandables et qui d'entre nous ne s'avouera pas que bien souvent il lui est arrivé de retenir de la sorte des noms propres ou des mots de langues étrangères? Mais combien nous préférons à ces analogies phoniques les analogies étymologiques autrement fécondes. Les travaux de Michel Bréal et Bailly pour le latin et le grec et de Bossert et Beck pour l'allemand, sont à cet égard tout à fait recommandables, ainsi que le fait très justement remarquer M. Germery[1] à qui nous empruntons les explications ci-après :

Les mots étant groupés d'après leur étymologie, une première partie rappelle les règles de la dérivation et de la composition des mots, « de telle sorte que leur rapport mutuel soit toujours visible depuis le terme simple et primitif qui forme l'en-tête de chaque article jusqu'aux derniers dérivés qui en découlent ». En outre, une ingénieuse disposition typographique permet de se rendre compte, au premier coup d'œil, de la manière dont un composé est formé.

MM. Bossert et Beck ont pris pour base du groupement la dérivation par préfixes et la composition. Les dérivés suivent, sans alinéa, le mot dont ils

---

1. *La Mémoire*, p. 161.

sont formés. Une ligne rentrante indique qu'un préfixe ou un élément de composition rentre en jeu. Un dérivé par suffixe n'est dérangé de sa série que s'il donne lieu lui-même à des dérivés par préfixes ou à des composés.

Die Art, en, la manière, la façon ; la sorte, l'espèce ; *auf diese Art*, de cette façon ; *nach meiner Art*, à ma manière.

artig (ayant une certaine manière d'être) ; ayant de bonnes manières ; gentil, aimable, docile.

die Artigkeit, la gentillesse, l'amabilité, la docilité.

bösartig, malin, méchant.

grossartig, grandiose.

gutartig, de bon naturel, bon.

Unart (*Die*), la méchanceté, l'inconduite ; *unartig*, méchant, impoli, indocile.

entarten, *v. n.*, dégénérer ; *v, a.*, dénaturer ; *sich entarten*, dégénérer.

abarten, ausarten, *v. n.* dégénérer.

nacharten (*einem*), ressembler à quelqu'un.

Pour le latin, M. Germery nous donne en exemple les dérivés immédiats du verbe racine *sto*, tels qu'il les cueille dans les travaux de MM. Michel Bréal et Bailly :

Adsto, circumsto, consto, constans, constantia,

disto, exsto, insto, absto, obstaculum, persto, praesto, resto, supersto, superstitio, status, statuo, constituo, destituo, instituo, restituo, statua, statura, statio, statim, stabulum, superstes, solstitium, sisto, absisto, consisto, desisto, excito, obsisto, resisto, subsisto, *et tous leurs dérivés.*

Pour l'étude du grec et du latin, langues mères, il est très profitable, partant de la racine, de la faire suivre des mots français dérivés, et il arrivera fréquemment que le sens connu de l'un de ceux-ci fixera dans le souvenir la signification du mot grec ou latin lui servant de racine.

La recherche de l'analogie phonique et de l'analogie étymologique paraît avoir été bien perdue de vue dans la méthode qui, de notre temps, est le plus en vogue, la méthode directe, qui consiste à mettre l'élève devant l'objet dont on veut connaître le nom, et, sans prononcer le mot français, à nommer cet objet directement dans la langue étrangère. Cette méthode à fait ses preuves ; elle met en jeu la mémoire visuelle en même temps que la mémoire auditive et même la mémoire tactile et elle est à ce titre tout à fait recommandable ; mais pourquoi ne pas prendre à chaque méthode ce qu'elle a de bon ? Je serais partisan de commencer par la méthode directe et ensuite de se livrer à l'étude de l'étymologie pour coordonner et fixer les notions acquises par la méthode directe.

Subsidiairement seulement et, dans les cas où la mémoire se montrerait rebelle, on pourrait enfin recourir, mais avec beaucoup de modération, aux analogies phoniques, qui, tout à fait artificielles, ne doivent venir à la rescousse qu'en cas de nécessité.

Exercice de transformation des chiffres en articulations

Les explications données *supra* p. 78 fourniront aux esprits mal doués sous le rapport de la mémoire des chiffres, mais possédant certaines facilités pour retenir des phrases ou des vers, la possibilité d'obtenir des résultats positifs, mais il ne doit pas être dissimulé qu'un certain effort est nécessaire. Cet effort ne sera d'ailleurs jamais perdu, car, en sus de l'instrument de travail qu'il permettra d'acquérir, un développement parallèle de la faculté d'attention s'en suivra, et ce développement profitera d'une façon appréciable au perfectionnement de la mémoire elle-même. Nous verrons tout à l'heure d'ailleurs le parti que l'on peut tirer du système chiffré pour l'étude d'un texte.

Ajoutons ici que dans la méthode Rolin une combinaison judicieuse du système numérique et de celui des rapports entre les mots permet de

retenir les dates, sans les enfermer dans une formule, phrase ou vers, comme le font la plupart
des mnémonistes. La mnémonisation des dates se
fait toujours en convertissant les dates en mots et
en rattachant ces mots à l'énoncé du fait historique au moyen de mots de liaison :

Bataille d'*Actium* : axiome, géométrie, terre,
monde, 31.

Bataille de *Marathon* : aura-t-on ? Question,
réponse, 490.

Bataille des *Thermopyles* : pile, bataille, soldat,
revision, 480.

Chute de l'Empire d'*Occident* : accident, chasse,
tir, *ricochet*, 476.

Découverte de l'*Amérique* : à l'américaine, vol,
rapine, (1)492.

S'il s'agit de la naissance et de la mort d'un
personnage, Rolin raccorde le nom de celui-ci au
mot-date de la naissance et ce dernier ou mot-
date de la mort :

Alexandre le Grand.

Alexandrin, vers, terre, mer, *mouillage*. . .   356.
Eau, vin, rouge, *minium* . . . .   323.
   Cicéron.
Rond, *disque* . . . .   107.
Jeu des anciens, *romain* . . . .   43.
   César.
Czar, ukase, *décision* . . . .   100.

en avant, *arrière* . . . . **44.**
    Pompée.
Pomper, arroser, *dessécher* . . . . **106.**
Cours d'eau, *rive* . . . . **48.**
    Jeanne d'Arc.
Arcueil, œil, *rétine* . . . . (1)412.
Cristallin, verre, *mat.* . . . . (14)31.
    Voltaire.
Terre, mer, île, *Chypre.* . . . . (1)694.
Vin, *cave* . . . . (17)78.
    Pétrarque.
Arc, géométrie, *mesure* . . . . (1)304.
. . . . *grand* . . . . (13)74.
    Michel-Ange.
Ange, démon, *orgueil* . . . . (1)475.
Triomphe, *char* . . . . (1)564.

On peut faire abstraction du millésime, si l'on est sûr de celui-ci.

Une date peut être traduite par plusieurs mots, à la seule condition que ceux-ci soient reliés entre eux par une sorte d'association logique, mais Rolin recommande à juste titre d'éviter de se servir, dans les traductions de chiffres, de pronoms ou d'articles, dont le sens trop vague et trop général peut prêter à confusion. Il préconise également, lorsque le point de départ est un nom propre, un nom vide de sens par conséquent, de s'imposer, dans le choix des chaînons, une règle, une règle presque sans exceptions, et celle que son expérience l'a conduit à reconnaître la meilleure, consiste à former le premier intermédiaire par une *analogie de son* avec la dernière syllabe ou la totalité des syllabes du nom propre dont on part, et, ce premier chainon procuré, de ne plus former les autres, autant que possible, que par des rapports d'analogie, de sens, d'opposition ou d'association d'idées.

La supériorité du système de Rolin, pour mnémoniser les dates est incontestable. J'ai relaté *supra* p. 85 et suiv. le système de Richard qui constituait un très notable progrès sur les formules d'Aimé Paris, et je l'ai donné comme très recommandable, mais il présente un inconvénient, c'est que, même sachant parfaitement les vers qui ont trait à chaque événement biographique ou historique, l'énoncé de celui-ci ne garantit pas que les premiers mots des vers vous reviendront à la mémoire et dans ce cas vous resterez coi malgré toute votre science. Soufflez à un élève le premier mot de son texte et il se déclenche. « Un mot suffit souvent, avait dit Quintilien, à rafraîchir la mémoire, là où elle commence à faillir. » Il en est de même pour les vers de Richard, mais ce qui manque c'est précisément le souffleur. On peut, à la vérité, remédier à cet inconvénient en cherchant des mots de liaison entre le nom ou l'événement, d'une part, et le commencement du vers, de l'autre, mais ces vers peuvent commencer par un article, un pronom ou tout autre mot très banal, avec lequel une liaison sera très difficile ou très fugitive. Mieux vaut se rallier au système de Rolin dans lequel il y a un souffleur, le mot de liaison, et qui, grâce à son laconisme, réalise la perfection du genre, système à la portée de tous d'ailleurs, alors qu'il n'est pas donné à tout le monde de construire des vers d'une nature aussi spéciale que ceux de Richard.

Applications diverses des formules, des mots de liaison et des mots-nombres.

, Les dates d'histoire ne sont pas seules à se prêter à des constructions de ce genre. Toute donnée chiffrée peut être ainsi emmagasinée dans le souvenir. C'est ainsi que, s'agissant de retenir les hauteurs des principales montagnes ou la longueur des fleuves les plus importants, Rolin vous dira :

Jungfrau, fraude : *artifice...* 4.180 mètres.

Grand Saint-Bernard : Nard, parfum, parfumeur, Meuse, *en Argonne...* 2.472 mètres.

Simplon : plomb, lourd, faute, censure, *Anastasie...* 2.010 mètres.

Mississipi : Etats-Unis, état, raison, *raison sensée*... 4.000 kilomètres.

Volga : Russie, ruse, amorce, *amorceuse*... 3.400 kilomètres.

Gange : Inde, indolent, *aimant ses aises*... 3.000 kilomètres.

S'agissant d'inventions restées célèbres, le même auteur vous proposera :

Alexander Spina de Pise invente les lunettes : lunettes, nez, *nez bouché*... 1296.

Hubert von Eyck découvre le secret de la peinture à l'huile : tableau, *rentoilé*... 1415.

Berthold Schwartz invente la poudre : fusil, soldat, *milice*... 1350.

Jansen invente le microscope : microscope, coupe, *libation*... 1590.

Invention du télescope : escopette, fusil, *chasse-pot*... 1609.

Franklin invente le paratonnerre : tonnerre, coup, soufflet, *claque*... 1757.

De qui sont certains dictons :

La critique est aisée et l'art est difficile : facile, aise, dièse, touche... *Destouches.*

Tel qui rit vendredi, dimanche pleurera : pleureur, saule, arbre... *Racine.*

Un sot trouve toujours un plus sot qui l'admire : miroir, glace, eau... *Boileau.*

Rolin nous suggère enfin quelques applications

à la vie pratique. Oubliez-vous le matin de remonter le contrepoids qui actionne le coucou de votre salle à manger, rattachez cet acte à un autre que que vous êtes sûr de ne pas oublier en raison de l'intérêt qu'il suscite en vous. Le matin, par exemple, votre première préoccupation, en entrant dans votre salle à manger, est de voir si votre journal est sur la table à côté de votre tasse à déjeuner. Associez donc le mot *journal* au mot *heure* en intercalant entre ces deux termes le mot *jour* : Vous direz et vous répéterez chaque matin pendant quelques jours : *Journal, jour, heure*, et il paraît, c'est d'ailleurs vraisemblable, que vous n'oublierez plus de remonter votre pendule. Associez de même aux mots : dimanche, lundi, etc., les mots vous suggérant les actes à accomplir chacun de ces jours.

Disons un mot enfin des trucs et ficelles qui sont en honneur parmi les écoliers et les étudiants. La cocasserie, la puérilité sont ici la note dominante. La persistance de la tradition à travers les générations successives d'étudiants est cependant la meilleure preuve de leur efficacité. Il en est un certain nombre parmi les étudiants en médecine qui, en anatomie particulièrement, ont à faire un effort de mémoire considérable. Je me suis laissé dire que certains professeurs encourageaient ces pratiques, sinon du haut de leur chaire, du moins dans leurs entretiens familiers.

En voici un spécimen dans toute la beauté de son incohérence[1] :

Les douze paires de nerfs craniens sont : olfactif, optique, moteur oculaire commun, pathétique, trijumeau, moteur oculaire externe, facial, auditif, glosso-pharyngien, pneumogastrique, spinal et grandhypoglosse.

La formule suivante est en honneur : *Oh ! Oui ; mon paletot, tu m'as fait assez grelotter pendant six grands hivers.*

On sait que les terrains de l'ère primaire sont les suivants : Précambrien, Cambrien, Silurien, Dévonien, Carbonifère, Permien.

Les élèves des grandes écoles, nous dit Germery, se transmettent de génération en génération, avec quelques variantes, la singulière phrase que voici : *Le père Cambronne, s'il eût été dévot, eût carbonisé son père.*

De même, pour les terrains miocènes et pliocènes (Burdigalien, Helvétien, Tortonien, Sarmatien, Pontien, Plaisancien, Astien, Sicilien) : *A Bordeaux un Helvète retors s'arma sous un pont ; voilà qui plaît à l'astucieux Sicilien.*

On ne peut rien imaginer de plus stupide et ce sont de pareilles divagations qui discréditent les

1. Les quelques exemples qui suivent sont empruntés, entre beaucoup d'autres, au livre de M. Germery, *La Mémoire.* p. 251 et suiv.

moyens artificiels. Rolin aurait trouvé mieux avec
ses mots de liaison et la persistance du souvenir
eût été certes mieux assurée.

Je ne citerai que pour mémoire les constructions incohérentes de mots sans signification dont
· les syllabes constitutives représentent celles initiales des mots d'une série.

Les sorciers du moyen âge enseignaient gravement la liste des planètes (ordre ancien : Saturne,
Jupiter, Mars, Soleil, Vénus, Mercure, Lune) par
ces trois mots cabalistiques : Sajuma, Sove, Merlu.

C'est l'appel à la répétition machinale et l'exclusion de tout raisonnement.

Dans le même ordre d'idées, rappelons que le
ministère anglais dit « Ministère de la *cabale* »
(en anglais *cabal*), sous Charles II, devait son
nom à la succession des lettres initiales des noms
de ses membres : Cliffort, Ashey, Buckingham,
Arlington, Lauderdale.

Les mnémonistes étant des hommes univer-
sels, ont abordé tous les domaines; n'ont-ils
pas enseigné aux amateurs d'huîtres que celles-ci
n'étaient comestibles que pendant les mois en R,
à l'exclusion donc de mai, juin, juillet et août?
N'est-ce pas là un des plus grands bienfaits de cet
art ?

Ne lui doit-on pas aussi la recherche des mois
de 31 jours au moyen d'une exploration des join-

tures des phalanges et du métacarpe? Les mois de 31 jours chevauchent sur les bosses, les mois courts se tiennent dans les creux. Arrivé à la bosse du petit doigt avec juillet, vous recommencez sur l'index qui, lui aussi, a 31 jours.

Distinguer le premier quartier de la lune du dernier : Le premier est tourné dans le sens du premier jambage d'un X, le dernier dans le sens du second jambage.

Les marins, nous dit Guyot-Daubès, enseignent de la façon suivante la situation de bâbord et de tribord : Supposant une batterie dans le milieu du navire et, se plaçant à l'arrière, ils vous disent, en montrant l'avant :

Bat-terie

Bat ou Bâbord se trouve sur la gauche du navire, *terie* ou tribord occupe la droite.

M. de Lesseps, dit Germery, raconte dans la relation de son premier voyage en mer, comment le capitaine lui a montré que le feu rouge correspondait à bâbord et le feu vert à tribord. Il suffit de se souvenir des mots *bas rouge* signifiant que le rouge est à bâbord, donc le vert à tribord.

A un client ne pouvant retenir dans quel sens il y a lieu de tourner la petite clef qui, à la partie supérieure du cadran d'une pendule, permet de régler l'avance et le retard, un horloger dit ce simple mot : RAT, ce qui signifie que, pour le retard, il y a lieu de tourner à gauche et pour l'avance de tourner à droite.

Mnémonisation des faits en série.

Nous avons vu (*supra* p. 106) ce qu'est la table de rappel. S'il est des esprits qui croient pouvoir y recourir avec fruit, ils trouveront dans les développements précédents l'exposé du maniement de ce gros engin. J'estime, en ce qui me concerne, qu'il est plus simple et plus logique, pour mnémoniser des faits en série, de rattacher directement entre eux les mots symbolisant les termes de la série au moyen de mots de liaison [1].

Un seul exemple nous suffira; nous l'empruntons encore à Rolin :

Il s'agit des sept merveilles du monde :

1º *Les Pyramides d'Égypte*, désert, jardin,

2º *Les jardins suspendus de Babylone*, aune, étoffe, jupe,

3º *Le Jupiter olympien de Phidias*, aux limbes, mort, tombeau,

4º *Le tombeau de Mausole*, pierre, lourde, fardeau,

5º *Le phare d'Alexandrie*, Alexandre le Grand, colosse,

---

1. Voyez toutefois ce qui est dit *Supra*, p. 131.

6° *Le colosse de Rhodes*, Rodomont, fanfaron, fanfare, diane,

7° *Le temple de Diane à Éphèse.*

Comment retenir un texte mot à mot.

L'application la plus difficile et par laquelle nous terminerons, des procédés mémoratifs est celle qui a trait à l'étude littérale ou analytique d'un texte ou d'un discours.

Ainsi que le font remarquer les frères Castilho, il y a deux choses à considérer dans tout discours : le texte littéral et les idées. « L'orateur à la tribune, l'avocat au barreau, le professeur dans sa chaire, ont besoin seulement de l'ordre des idées, lorsqu'ils sont appelés à reproduire celles qu'ils avaient coordonnées dans le silence du cabinet. Le mot à mot est inutile, d'autant plus qu'il est de fait que, lorsqu'on se rappelle les idées, qu'on a déjà approfondies, elles se revêtent presque toujours de la forme, des accessoires que leurs auteurs leur avaient donnés; très souvent les mêmes phrases viennent machinalement reproduire les mêmes pensées. »

Il est néanmoins des cas où, dans la vie, il est utile de retenir un texte mot à mot. Indépendamment des acteurs et des écoliers, d'autres encore y

ont assez souvent recours; certains orateurs, avo-
cats, conférenciers, hommes politiques, apprennent
mot à mot, sinon leurs discours entiers, du moins
les phrases à effet qui trouvent place à la fin de
chaque période oratoire. A ce titre, paraît-il, la
mnémonique a parfois rendu de signalés services.

On dit que nombre d'acteurs y ont recours et
que les anciens enseignent à leur jeunes pro-
tégés ces secrets du métier. Guyot-Daubès nous
apprend qu'en ce qui concerne notamment l'ancien répertoire, les pièces de Molière, Racine,
Corneille, Beaumarchais, etc., il existe, pour les
graver dans le souvenir, une série de remarques,
de formules, de traditions, qui aident puissamment
la mémoire des débutants.

Ceci dit, avant de commencer à apprendre une
pièce de vers ou un texte en prose, autrement dit
avant d'apprendre les *mots*, il est essentiel de le
lire en entier, de le comprendre, de l'analyser au
point de vue du *sens* et de l'enchaînement des
idées, d'en dégager le squelette et la charpente.
Si vous saisissez le sens de l'ensemble et le fil con-
ducteur de la pensée de l'auteur, les mots se
retiennent plus facilement et, pour le redire, arrivent aisément. Tout le monde sait cela, mais tout
le monde ne sait pas le faire.

Comment donc se fera cette étude préliminaire
du sens? s'il s'agit d'un orateur, qui doit repro-

duire un discours préparé par ses soins, il va de soi qu'il doit en établir le plan, mais c'est là proprement travail de composition et non pas encore fonction de la mémoire. Il faut s'attacher à classer les idées, avant de rechercher la façon de les exprimer.

Que si, au lieu de préparer personnellement un discours, il s'agit de s'assimiler la pensée d'autrui, en étudiant un texte en prose ou en vers, il y aura lieu, de même et avant tout, de s'assimiler la pensée de cet autre et de la faire sienne. Ce n'est pas encore, ici non plus, travail de mnémoniste. Ce travail préparatoire consiste, au contraire, à se passer de la mnémonique dans la mesure du possible. On ne doit recourir aux moyens artificiels, comme à tous artifices en général, qu'après avoir épuisé les moyens naturels. C'est ici que l'observation devra s'évertuer à atteindre son maximum d'acuité.

Aimé Paris recommande un certain nombre d'opérations en vue de l'étude du sens : ces opérations doivent être accomplies dans l'ordre ci-dessous avec défense absolue de jamais les intervertir.

Première opération. — Une lecture d'ensemble exclusivement destinée à comprendre ce qu'il y a dans le morceau.

Deuxième opération. — Analyse des parties cons-

titutives du morceau. « On signalera les points cul-
minants du développement et, dans leur dépen-
dance, les développements secondaires. L'esprit de
minutie ne devra point se glisser dans cette réduc-
tion du morceau à une simple charpente; on se
contentera de sommités assez caractéristiques pour
que ce qu'il y a d'important soit signalé. »

Ce travail d'analyse est le travail le plus fructueux. Prenons un exemple, quelques vers de
J.-B. Rousseau intitulés «l'Hypocrisie ».

> Humble au dehors, modeste en son langage,
> L'austère honneur est peint sur son visage.
> Dans ses discours règne l'humanité,
> La bonne foi, la candeur, l'équité.
> Un miel flatteur sur ses lèvres distille;
> Sa cruauté paraît douce et tranquille.
> Ses vœux au ciel semblent tous adressés.
> Sa vanité marche les yeux baissés.
> Le zèle ardent masque ses injustices,
> Et sa mollesse endosse les cilices.

Quelle est la pensée générale de ce poème?
Comment l'auteur s'y prend-il pour dépeindre
l'hypocrisie?—Rolin répond: en faisant le portrait
de l'hypocrite lui-même. Voilà un premier point
d'acquis et toute la définition de l'hypocrite peut
tenir dans ce résumé : *L'hypocrite est un homme
qui, sur sa figure comme en ses discours, affecte
tous les dehors de la vertu, en dissimulant tous les
vices »*.

Nous verrons tout à l'heure, lors de la cinquième opération, comment tous les termes de cette définition se rapportent à chacun des termes de cette poésie elle-même.

Pratiquement, Aimé Paris conseille de découper, pour y consigner les idées culminantes du texte, des feuilles de papier de la grandeur des pages à disséquer et en nombre égal à celles-ci. On pliera ces feuilles dans le sens de la longueur. La partie gauche sera celle des idées principales, celle de droite celle des idées secondaires. Chaque feuille blanche deviendra sœur jumelle d'une page du texte et lui sera justaposée. Ceci fait, on consignera, en face de chaque partie saillante du texte, soit dans la colonne des idées principales, soit dans celle des idées secondaires, les mots représentatifs de la pensée de l'auteur : De simples mots, disent les frères Castilho, ou de courtes phrases, petites en volume, immenses en valeur, telles des pierres précieuses. Plusieurs idées secondaires correspondront en principe à chaque idée principale, dont elles constitueront des subdivisions.

Troisième Opération. — « Après avoir lu plusieurs fois attentivement le résumé analytique du morceau, dit A. Paris, on essaiera de retrouver de mémoire la série des idées principales et des développements secondaires. Si la liaison naturelle des idées n'est pas assez intime, si la mémoire *non secourue* ne suffit pas pour que cette reproduction se fasse dans la pensée complètement et rapidement, il faudra demander à la méthode mnémotechnique un moyen de retrouver ce que la force propre ne pourra pas obliger à se présenter au gré de la volonté. On voit que son rôle commence où finit la puissance de l'analyse et de l'étude immédiate. »

Quatrième Opération. — La quatrième opération est la mise en œuvre proprement dite des règles de la mnémonique. Elle consiste à numéroter et à fixer dans la mémoire la numérotation de toutes les idées culminantes du texte.

Dans cette quatrième opération, on devra recourir, me semble-t-il, à une numérotation unique. Les idées secondaires n'étant en somme que des subdivisions des idées principales, celles-ci devront rentrer dans le rang et y demeurer comme chefs de files des idées secondaires. Au surplus chaque annotation, chaque idée consignée devra alors se réduire à un mot unique qui sera, comme nous l'avons vu précédemment, le nom patronymique de l'idée y incluse.

Comment se fera la numérotation? — Aimé Paris conseille de recourir au système des localités. S'il y a dans le discours à prononcer ou dans le morceau à retenir dix idées principales, on les associera à dix monuments, dix rues ou dix carrefours que l'on rencontre dans un itinéraire familier. Il est impossible de donner des exemples, les lieux à choisir devant être familiers à celui qui les emploie.

On peut aussi recourir aux tables de rappel. Soit par exemple, la fable du rat de ville et du rat des champs. On procéderait ainsi :

Huns[1] Invasion[2]	Autrefois le Rat de ville Invita le rat des champs, D'une façon fort civile, A des reliefs d'ortolans.
Dieux, *Apis*	Sur un tapis de Turquie Le couvert se trouva mis. Je laisse à penser la vie Que firent ces deux amis.
Droit, *régalien*	Le régal fut fort honnête: Rien ne manquait au festin ; Mais quelqu'un troubla la fête, Pendant qu'ils étaient en train
Cadre, *panneau*	A la porte de la salle, Ils entendirent du bruit : Le rat de ville détale ; Son camarade le suit.

1. *Supra*, p. 106.

2. Le mot de liaison *Invasion* établit un rapprochement tout à la fois *idéologique* et phonique entre *Huns* et *Rat* : Idéologique, car il y a des invasions de rats, comme il y eut autrefois des invasions de Huns ; *phonique*, parce que le commencement du mot *Invasion* se prononce sensiblement comme *Huns*.

Zinc, *où l'on boit sans cesse*	Le bruit cesse, on se retire : Rats en campagne aussitôt ; Et le citadin de dire : « Achevons tout notre rôt. »
Scission, *Rompons*	C'est assez, dit le rustique ; Demain vous viendrez chez moi. Ce n'est pas que je me pique De tous vos festins de roi ;
Cep, *Enterrons*[1]	Mais rien ne vient m'interrompre : Je mange tout à loisir. Adieu donc. Fi du plaisir Que la crainte peut corrompre.

Le système des localités et les tables de rappel peuvent être utilisés, mais, en ce qui me concerne, je crois préférable de procéder comme il vient d'être dit *Supra*, pag. 155, en formant une chaîne continue avec des mots de liaison.

Cinquième opération. — Les quatre opérations ci-dessus n'ont eu pour but que de saisir le sens du morceau et d'en classer les idées constitutives. La deuxième phase à laquelle nous arrivons tend à étudier la construction littérale et à retenir la suite des mots. La cinquième opération, qui portera successivement sur les différentes parties du discours, consistera à comprendre les mots et à scruter les raisons pour lesquelles l'auteur a

---

1. Analogie phonique, tout à la fois d'articulation et de consonnance, approximative tout au moins.

employé telles expressions plutôt que telles autres. On cherchera les synonymes que l'auteur aurait pu choisir et, soit à la louange, soit à la critique de celui-ci, on appréciera la justesse des termes employés. Si le même mot est répété, soit intentionnellement, soit par inadvertance, on le notera soigneusement. Toutes ces remarques se feront mentalement ou en soulignant les mots qui auront plus particulièrement retenu l'attention.

Ce travail développera au plus haut point l'esprit d'observation et en même temps la mémoire, qui souvent retient plus facilement un détail, un petit à-côté des choses, que les idées elles-mêmes.

Faisons application de ces principes et reprenons par exemple la pièce de vers que nous avons rapportée *supra* p. 188, l'*Hypocrisie*, de J.-B. Rousseau, que l'on a résumée en ces quelques lignes : *L'hypocrite est un homme qui, sur sa figure comme en ses discours, affecte tous les dehors de la vertu, en dissimulant tous les vices.*

Voyons avec Rolin comment tous les termes de cette définition se rapportent à chacun des termes de cette poésie elle-même. Quelle est la première vertu qu'affecte l'hypocrite, précisément parce qu'elle est le contraire de l'orgueil, le défaut le plus général? L'humilité : *Humble au dehors.*

Humble au dehors, c'est-à-dire que son apparence, celle qui résulte de l'expression de sa figure ou de son maintien, est l'humilité.

Humble au *dehors, modeste* en son *langage.*

Modeste est un quasi synonyme de *Humble*; « il continue la pensée de l'auteur, mais en la portant sur un autre point de l'apparence de l'hypocrite; c'est-à-dire qu'il ne s'agit plus du dehors d'une façon générale, mais que cette affectation est spécifiée dans un trait particulier de ce dehors, le discours, le *langage* ».

L'austère honneur est *peint* sur son visage.

« Complément de la pensée initiale, l'idée qui se dégage le plus naturellement de celle de l'humilité étant celle de l'austérité et de l'honneur, qui ne sont que *peints* sur le visage de l'hypocrite, absolument comme il n'est humble qu'au *dehors.*

« Mais ce n'est évidemment pas à la simulation de ces deux vertus-là seulement que se borne l'affectation générale de l'hypocrite. Rapportons-nous-en à l'impression d'ensemble que nous avons dégagée de la lecture de *toute* la pièce : *L'hypocrite est un homme qui affecte les dehors de* toutes *les vertus* et c'est ce que précise l'auteur en continuant sa description par une véritable énumération des différentes vertus affichées par l'hypocrite *dans ses discours* ».

> Dans ses *discours* règnent l'humanité,
> La bonne foi, la candeur, l'équité.

L'humanité, c'est-à-dire l'amour de ses semblables, la sincérité dans ses rapports avec eux, *la
bonne foi*, c'est-à-dire la confiance, *la candeur*,
c'est-à-dire l'absence de toute idée d'exploitation,
autrement dit *l'équité*. « Et plus que cela. L'hypocrite, dans la pensée de l'auteur, est tellement
préoccupé de se montrer humain, c'est-à-dire
plein de tendresse et de suavité pour ses semblables (et cela dans ses *discours*), qu'il dépasse le
but, qu'il n'est plus tout à fait équitable, que ses
lèvres (toujours les *discours*) répandent des flatte-
ries doucereuses. Et cette idée de douceur est
poétiquement exprimée par le mot *miel* et par une
figure de rhétorique connue — c'est le miel qui
devient flatteur, au lieu que la flatterie soit douce:

> Un *miel* flatteur sur ses *lèvres* distille. »

Distille, c'est-à-dire goutte à goutte, c'est-à-dire
que l'hypocrite ne s'abandonne pas à des manifes-
tations bruyantes et impétueuses. Sa flatterie
douce et *distillée* s'insinue bien plus dangereuse-
ment que celle qui donne de l'encensoir à travers
le visage. S'en suit-il qu'il soit doux dans la réa
lité? Non; il est même cruel. Seulement

> Sa *cruauté paraît douce* et tranquille.

Et Rolin de nous faire remarquer comme cette épithète de *douce* répond au substantif *miel* du vers précédent et comme, d'autre part, le mot *paraît* (c'est-à-dire ce qui est affecté) se rapporte à la synthèse qu'il a faite de cette dizaine de vers : L'hypocrite est un homme qui *affecte*...

« Donc il a de la *cruauté*, mais de la *cruauté* que, grâce à ses artifices, il fait paraître *douce* et tranquille. *Douce* comme le *miel* flatteur qui distille sur ses lèvres, *tranquille* comme le serait l'esprit d'un homme qui n'aurait d'autres préoccupations que celles se rapportant à un monde supérieur ».

Ses vœux *au ciel* paraissent tous adressés.

C'est au ciel seul que ces vœux semblent adressés, vers lui que ses yeux se lèvent et, s'il lui arrive d'abaisser ceux-ci, ce ne sera encore que pour cacher, sous les dehors de l'humilité, la vanité dont son cœur est rempli :

Sa vanité marche *les yeux baissés.*

L'homme franc regarde droit devant lui. L'hypocrite, lui, a les yeux ou levés au ciel ou baissés à terre. « Voilà pour l'*humanité*, voilà pour *la bonne foi, la candeur*, qui règnent dans ses discours, mais dans ses discours seulement. En réalité, il n'est pas *humain*; il est *cruel*; il n'est pas de *bonne foi*, il n'est pas *candide*, il est faux comme un jeton. Aura-t-il au moins quelque chose de cette équité qui ne règne pas moins dans ses propos? Pas davantage. Il est *injuste*. Mais encore une fois, puisque l'auteur veut nous le faire voir *dissimulant* tous les vices, il est nécessaire qu'il nous montre de quel manteau de vertu l'hypocrite couvre ce nouveau trait de son caractère :

Le zèle ardent *masque ses injustices.* »

Tous, nous en connaissons plus ou moins de ces gens qui s'y entendent si bien à faire de la morale aux autres et qui, sous le couvert d'un *zèle ardent* pour des intérêts supérieurs, commettent de véritables injustices. En apparence l'hypocrite est *austère*, mais il l'est si peu en réalité qu'à tous ses vices il en ajoute un qu'exclurait le plus, s'il était réel, l'austère honneur peint sur son visage, la *mollesse* :

Et sa *mollesse* endosse les cilices.

Avec tous ces vices, conclut Rolin, ne croyez pas que l'hypocrite, tout conscient qu'il en soit, (s'il n'en était pas conscient, il ne chercherait pas à les dissimuler), en soit *réellement* pénitent. Non ; mais c'est précisément du signe extérieur de la pénitence, par un faux air de cette *austérité* dont le mot *cilice* suggère la pensée, qu'il sait pouvoir les couvrir le mieux.

L'accomplissement de ce travail est si fructueux que bien souvent il reste peu de chose à faire, aucun intermédiaire même à introduire entre aucun couple de mots pour avoir un entrelacement de liens d'une solidité remémorative admirable. A supposer, en effet, qu'on ait, comme le recommande Rolin, résumé, aussi exactement et en même temps aussi brièvement que possible, l'impression générale qui se dégage de la lecture d'un texte quelconque, on trouvera toujours dans ce même texte un grand nombre de mots se rapportant si bien au résumé en question qu'en les mettant ensemble on aurait une chaîne parfaite. C'est là le résultat de la première observation, celle que suffit à donner une lecture attentive. Quant à un résultat plus complet, celui grâce auquel il est possible de découvrir dans chaque vers tel ou tel mot qui, rapproché de tel ou tel mot du vers précédent ou suivant, nous fait retenir l'un et l'autre, il dépend d'une observation détaillée et aussi minutieuse que celle que nous venons de faire. Rolin rend palpable la justesse de cette observation et fait à *l'Hypocrisie* l'application de sa thèse, en reproduisant en regard la phrase synthétique qu'il a construite et en marquant du même chiffre dans cette phrase et dans le texte de la pièce les mots qu'il trouve en rapport direct entre eux. Quant à ceux des mots de la pièce elle-même qui ne sont en rapport direct avec aucun des mots de la phrase-résumé, mais qui, en se rattachant au sens général, se trouvent en affinité d'un vers à l'autre, il les marque d'un signe semblable : a, a'; b, b' ou c, c', suivant que ces rapports se rencontrent d'une façon plus ou moins régulière et continue. Comme on le remarquera, il y a un certain nombre de cas dans lesquels les deux espèces de rapports coexistent; ils seront alors signalés tous les deux par leurs signes respectifs, les signes se rapportant à la phrase-résumé et les lettres seulement aux mots du texte indépendamment de toute expression en dehors de ce texte.

La phrase synthétique est :

$$\overset{1}{L'hypocrite} \text{ est un homme qui, sur sa } \overset{2}{figure}$$

comme en ses $\overset{3}{discours}$, $\overset{4}{affecte}$ tous les $\overset{5}{dehors}$ de

la $\overset{6}{vertu}$, en $\overset{7}{dissimulant}$ tous les $\overset{8}{vices}$.

La notation du texte se fera de la façon suivante :

<pre>
    6 a.   5 b.   6 a'   3
Humble au dehors, modeste en son langage,
      6   4   2 b'
L'austère honneur est peint sur son visage.
          3   6
Dans ses discours règnent l'humanité,
      6   6   6
La bonne foi, la candeur, l'équité.
</pre>

       c   3
Un miel flatteur sur ses lèvres distille.
     8   4 d   6 c'   6
Sa cruauté paraît douce et tranquille.
        e   4 d'
Ses vœux au ciel semblent tous adressés.
      8   e'
Sa vanité marche les yeux baissés.
     6   f   7   8
Le zèle ardent masque ses injustices
     8 f'   5   6
Et sa mollesse endosse les cilices.

L'hypocrite étant un homme qui affecte les dehors de toutes les vertus, il est facile de se rappeler qu'il affectera tout d'abord celle qui est contraire au plus commun des défauts, l'humilité ; donc :

Humble au dehors, modeste en son langage...

Supposons qu'ensuite on hésite. « Un simple retour à la synthèse : *qui sur sa* FIGURE *comme dans ses discours* AFFECTE *toutes les* VERTUS, nous mettra sur la voie, en nous suggérant le mot *visage*, tandis que du vers lui-même se dégage l'idée d'austérité ou l'adjectif *austère*, et que, d'autre part, à l'idée *d'affectation* répond celle exprimée par ces mots : *est peint* ».

L'austère honneur est peint sur son *visage*.

Dans le troisième vers les mots que nous trouvons en rapport avec les mots *discours*, *vertus*, de la formule synthétique, sont les mots *discours*, *humanité*, etc., et le quatrième vers n'est que la pensée continuée du troisième. Et, note Rolin, il il n'y a pas de cas où, à supposer la mémoire la plus déplorablement récalcitrante du monde, il ne soit possible, par un surcroit de réflexion, de se procurer un souvenir absolument minutieux. Reprenons, par exemple, le troisième vers :

Dans ses discours règnent l'humanité,

et supposons que quelqu'un objecte : mais quelle garantie ai-je que le mot vertu de la formule synthétique me rappelle plutôt *l'humanité* que *la chasteté* ou *la charité*, ou *la piété* ou tout autre mot d'un nombre égal de syllabes et rimant masculinement; Rolin lui fera remarquer, à propos du mot *discours*, que la parole appartient exclusivement à l'homme dans la création, c'est-à-dire que la première chose qu'il est naturel qu'elle marque soit quelque chose qui ait rapport à l'homme luimême, *l'humanité*, de même que le mot *règnent*, qui complète le vers, sera facilement suggéré à notre souvenir par l'observation, qui découle de la précédente, que l'homme auquel appartient exclusivement le privilège de la parole est le roi de la création. Et ainsi ce ne sera pas :

Dans ses discours règnent *la charité...*
ni : Dans ses discours *paraissent la bonté...*
ni : Dans ses discours *brillent l'humanité...*

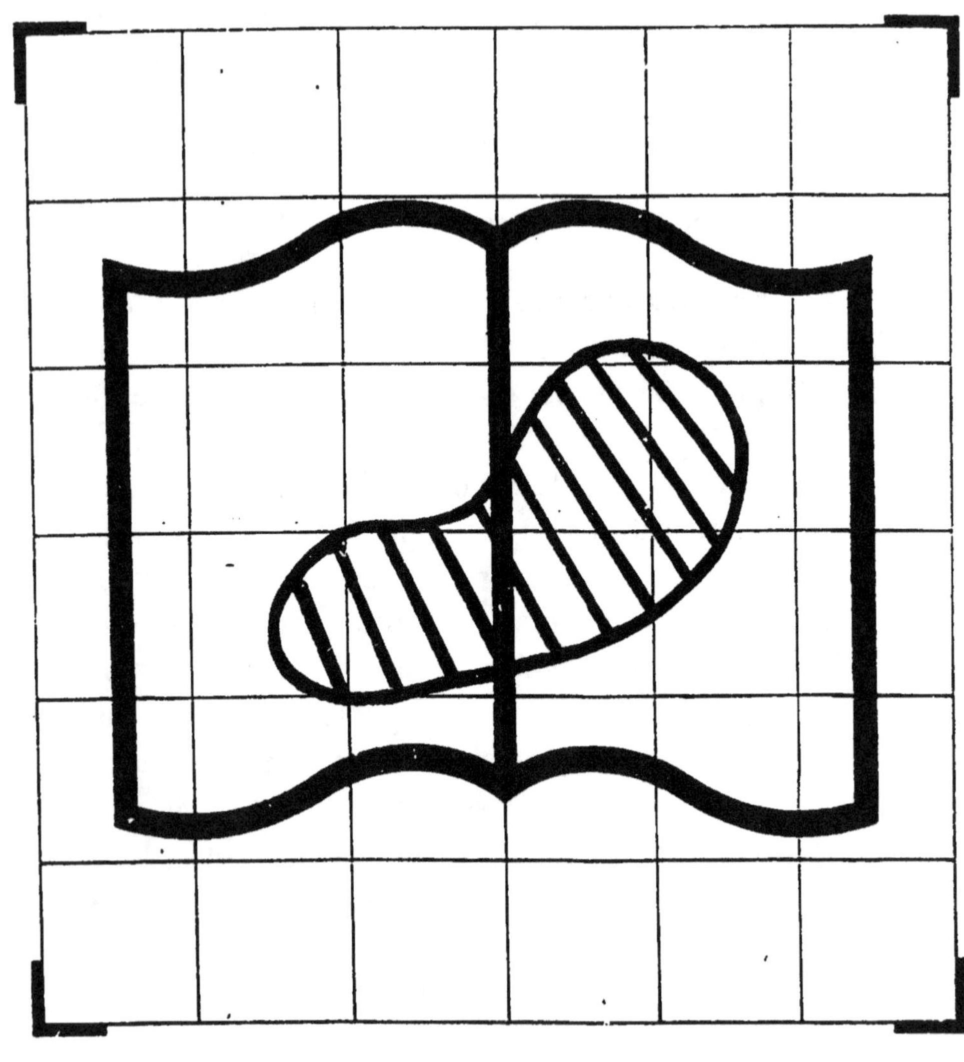

ni aucun vers figuré de quelque autre façon qui pourra se présenter à notre esprit, mais le seul vers exact où nous voyons que tous les mots qui se font suite composent un tout harmonieux qu'il ne dépend que de nous de remarquer, en faisant par cette remarque même l'assimilation aussi complète que possible, d'où ne résui'e pas seulement la précision, mais la constance du souvenir.

Ce travail de dissection peut paraître d'une longueur démesurée; en fait, dit Rolin, rien n'est rapide comme la pensée humaine et il y a bien des cas, où, s'il fallait mettre sur le papier tout ce qui peut passer d'idées dans la tête d'un homme en l'espace d'une minute, on pourrait y passer une heure et plus, sans y bien réussir; ce qui importe, ce n'est pas que la méditation soit longue, mais qu'elle soit attentive et soutenue, c'est-à-dire exempte de cette vacillation de pensée, qui, dans la majorité des cas, est la cause des mémoires infidèles.

Sixième opération. — On prendra successivement chacune des phrases, strophes, ou tranches du morceau. On lira la première plusieurs fois de suite, très attentivement, lentement et de préférence à haute voix avec accompagnement de gestes [1], en appuyant sur les mots importants ou saillants.

---

1. M. Art (*Pour développer notre mémoire*), insiste sur l'efficacité du geste :

« Il me souvient, dit-il, qu'une actrice, dans un salon,

Je crois qu'il serait utile de procéder ainsi : on ferme le livre et on cherche à reproduire le sens et, autant que possible, l'expression littérale de cette strophe, mais sans souci exagéré de l'expression, l'idée, dans tous ses détails, devant surtout être reproduite aussi fidèlement que possible, on rouvre le livre, on compare ce qu'on vient de dire avec ce qui est écrit; on ferme à nouveau, on recommence et ainsi de suite jusqu'à ce

ayant été interrompue au milieu d'un morceau par l'arrivée bruyante de nombreux invités, la maîtresse de maison la pria de recommencer. Elle s'exécuta de bonne grâce et son expression, ses gestes, furent exactement ce qu'ils avaient été la fois précédente, de sorte que nous, les premiers auditeurs, n'y goûtâmes plus qu'un médiocre plaisir; il nous semblait avoir devant les yeux une automate perfectionnée; c'était pourtant une femme supérieurement intelligente et une artiste de haute valeur. Pour que des gens de métier s'astreignent à cette rigueur en quelque sorte mathématique du jeu et du débit, il faut qu'il y ait à cela une raison profonde, peut-être une nécessité. » Et M. Art remarque que non seulement le geste s'harmonise avec nos sentiments, mais qu'il précède généralement le mot, donc il appelle le mot, il facilite son évocation. « De ce phénomène naturel l'acteur, par les nécessités du métier, est amené à faire un moyen mnémonique très puissant et très sûr. L'intelligence du passage, de la situation, de la phrase, du mot, lui indiquera le geste qui convient, et, une fois ce geste trouvé, il peut avoir l'assurance que l'expression verbale suivra aussitôt l'expression mimique. Il s'y tient fermement et on ne peut que l'approuver. Vous voyez l'enchaînement : l'idée amenant le geste qui entraîne le mot. C'est un artifice, mais très légitime, puisqu'il s'efforce de suivre l'ordre naturel. »

que la récitation soit devenue conforme au texte, non seulement pour le sens, mais aussi quant aux mots.

On passera ensuite à la deuxième strophe, puis à la troisième et ainsi jusqu'à la fin, répétant chacune sans souci de la précédente ni de la suivante.

En ce qui concerne la répétition, Chavauty propose d'y procéder ainsi :

Autrefois

Autrefois le rat

Autrefois le rat de ville

Autrefois le rat de ville *invita*

Invita

Invita le rat

Invita le rat des champs

Invita le rat des champs *d'une façon*

D'une façon

D'une façon fort

D'une façon fort civile

D'une façon fort civile, *à des reliefs*

A des reliefs

A des reliefs d'ortolans

D'aucuns apprécieront peut-être l'avantage de cette pratique toute machinale. C'est là question individuelle.

Question individuelle aussi, le choix du moment pour faire la répétition. M. Art recommande de repasser la leçon le soir, avant de se coucher, et, le lendemain matin, de s'efforcer de reconstituer le souvenir sans recourir au texte. Cela paraît assez judicieux, étant donné le travail de maturation qui se fait pendant le sommeil [1].

Quoi qu'il en soit, ce qui paraît certain, c'est que l'espacement des répétitions est avantageux [2].

Des expériences auraient été faites, dit M. Germery [3], desquelles il résulterait qu'une seule lecture est plus profitable que deux; mais moins que trois, ce qui est assez paradoxal. On peut cependant en retenir ceci, qu'une lecture attentive est plus recommandable que deux lectures hâtives. Trois lectures sont dans tous les cas fructueuses et le même auteur, rapportant des expériences faites par Miss W. Calkins sur le nombre d'associations d'idées, dont on se souvient après un nombre de répétitions déterminé, nous donne les chiffres suivants : après une lecture, 26 répétions exactes pour cent; après deux lectures, 35 °/₀; après trois lectures, 63 %.

La répétition peut se faire très avantageusement par écrit. Copier ce que l'on veut retenir est un excellent procédé, surtout si l'on y joint l'articulation verbale, car elle met en jeu la mémoire visuelle, la mémoire motrice et aussi, dans ce dernier cas, la mémoire auditive.

1. *Supra*, p. 22.
2. *Supra*, p. 22.
3. *La Mémoire*, p. 165.

Les associations d'idées écrites avec une encre différente sont recommandées par Germery (48 %, de repétitions exactes au lieu de 33,6 %). D'où ce conseil : écrire les titres avec des encres différentes.

L'écriture en sténographie, lorsqu'on la possède, donne de bons résultats, car les signes parlent plus à l'œil que l'écriture ordinaire.

Rolin préconise un excellent moyen de répétition, qui a l'avantage de fixer l'attention et de développer la faculté de transformation des consonnes en chiffres : c'est précisément de transcrire le morceau que l'on veut retenir en chiffres suivant les règles qui nous sont connues de l'alphabet numérique et suivant certaines conventions que le promoteur de cette idée résume ainsi :

1° Tous les mots seront séparés par un petit tiret. A ce compte, les mots « la bonne foi » s'écriront 5-92-8.

2° Les apostrophes seront indiquées à la place qu'elles occupent dans l'écriture ordinaire. Ex. : « L'hypocrisie » s'écrira 5'9740.

3° Les mots ne se chiffrant d'aucune façon, c'est-à-dire ceux où il n'y a pas de consonne, comme ceux où la consonne est muette, seront reproduits en entier dans leurs caractères ordinaires. Ex. : Le membre de phrase « Humble au dehors » qui s'écrira : 95-au-14.

Quand, dans un mot terminé par une consonne, cette consonne ne sera entendue que parce que le mot suivant commence par une voyelle, ce mot sera révélé par le placement du chiffre indicatif de la consonne en question un peu au-dessus de sa place ordinaire. Ex. : « Ses vœux au ciel », s'écrira : 0-8° au-05.

C'est ainsi que les deux premiers vers de « l'Hypocrisie » se traduiront comme il suit :

$$95 - \text{au} - 14, - 3101 - \text{en} - 0 - 576$$
$$5'014 - 24 - \text{est} - 9 - 04 - 0 - 806$$

Le résultat à obtenir, c'est que, la transcription chiffrée étant faite, on retrouve, à la seule vue des chiffres et sans recourir au texte, tous les mots constitutifs de celui-ci, et, qu'on le remarque bien, ce qui est ici le plus fructueux, ce n'est pas tant l'écriture des chiffres que la lecture répétée qui oblige à désarticuler les mots en les scandant.

De cette façon ou d'une autre, quand, par la répétition, on aura retenu successivement toutes les parties du morceau, il semble que la tâche soit achevée et le morceau appris. Ce serait une erreur. Il reste à faire une septième et dernière opération et elle est d'une importance capitale.

Septième Opération. — Tout le monde a remarqué que l'écolier retient le texte par périodes, par tranches, et que son hésitation se produit toujours lors du passage d'une période à une autre, surtout lorsque ces deux périodes consécutives manquent d'un enchaînement naturel, lorsqu'il existe entre elles une solution de continuité.

Il suffit la plupart du temps qu'un camarade obligeant souffle à l'écolier les premiers mots de la période, pour lui faire retrouver le fil de ses idées ou plutôt des idées de l'auteur. Au théâtre il y a des souffleurs tout exprès pour cela.

Le secret des acteurs est précisément de se passer du secours du souffleur et d'établir eux-mêmes un lien entre les différentes tranches du texte, un lien logique, si c'est possible, un lien purement artificiel dans le cas contraire.

Si le sens de la période envisagée découle naturellement de celui de la période précédente, sans que cependant les derniers mots de celle-ci l'indiquent suffisamment, il est souvent possible d'établir ce pont entre les deux idées par un ou plusieurs mots de liaison selon la méthode qui nous est bien connue, cette liaison faisant ressortir l'enchaînement qui existe entre la fin de la première période et le commencement de la seconde.

En ce qui concerne les mots de liaison, ils sont en réalité sous-entendus dans le texte et ne constituent qu'une sorte d'explication qu'on se fait mentalement, parce que l'esprit passe tout naturellement et sans efforts de mémoire d'une phrase ou période à une autre phrase ou période.

Les mots de liaison le plus souvent employés dans ce but, sont : *mais, ensuite, après, puis, de même, également, c'est pour cela, par conséquent, inversement, au contraire, c'est ainsi que...,* etc.

Quand la deuxième période est la suite, la déduction, l'opposition de la première, ces mots suffisent d'ordinaire, ainsi que le fait remarquer Guyot-Daubès, pour ramener le souvenir du reste de la période ; ces liaisons entre deux périodes peuvent être qualifiées de *liaisons naturelles.*

« Quand les deux périodes n'ont que peu ou pas de rapport entre elles, ajoute cet auteur, et qu'elles ne peuvent pas être reliées par une liaison naturelle, on emploie un procédé différent qui a également pour but de faire retrouver les premiers mots de la période suivante. Ce moyen consiste à relier dans une phrase plus au moins arbitraire, plus ou moins ingénieuse, les derniers mots de la première période avec les premiers mots de la période suivante ; de telle sorte que, finissant de réciter la première période, les *derniers mots prononcés* se trouvent être les premiers de la petite phrase de liaison, et les *derniers mots* de cette petite phrase arbitraire se trouvent être les premiers de la période suivante du morceau ; cette période alors se présente à la mémoire dans son entier. La difficulté est donc vaincue et on se trouve dans le même cas que l'acteur auquel le souffleur a donné les premiers mots de sa tirade.

« Il serait à désirer que le sens de ces phrases se rapportât au sens général du morceau, que la phrase de liaison servît de transition au point de vue du sens comme au point de vue du texte ; mais ce n'est pas toujours possible et l'on est obligé quelquefois, afin d'éviter une phrase trop longue, de ne lui donner qu'un sens arbitraire tout à fait en dehors du sujet du morceau. Ces phrases de liaison seront d'autant meilleures qu'elles seront plus courtes et qu'elles frapperont davantage l'imagination, ce qui les rendra plus faciles à retenir. »

Telle est la méthode des acteurs, et il paraît que, grâce à ce procédé, ceux-ci n'ont pas besoin d'apprendre en entier la pièce de théâtre dans laquelle ils ont à jouer un rôle ; il leur suffit de connaître la marche générale de la pièce et les derniers mots qu'aura à prononcer l'acteur auquel ils doivent donner la réplique. Ce sont ces derniers mots qu'ils relient par une liaison aux premiers mots de leur réplique.

Les endroits où doivent être intercalés les mots de liaison ont été baptisées par Aimé Paris du nom pittoresque de *relais* et, quant aux endroits où ces relais doivent être établis, ils seront pour chacun déterminés par l'endroit où la défaillance de mémoire se produit naturellement. « Il importe qu'on sache bien, dit Aimé Paris, que quelquefois plusieurs strophes de suite n'en auront pas besoin et que, dans d'autres cas, l'intérieur de la strophe exigera une liaison de ce genre. » Bref, ce procédé est destiné à remplir les lacunes partout où l'esprit en rencontre.

Aimé Paris, l'homme des formules, veut que les liaisons présentent, *sans interruption*, les mots qui doivent se suivre dans le débit continu. « Intercaler, ne fût-ce qu'un mot entre la fin d'un texte et le commencement du suivant, serait s'exposer à des hésitations. »

Je suis de cet avis, quand la formule est inévitable, mais j'estime qu'il ne faut recourir aux formules que quand un simple mot de liaison n'est pas possible. Les formules ont l'inconvénient d'intercaler, dans la suite naturelle du texte, des idées parasites incluses dans des phrases absolument inattendues et qui sont de nature à dérouter l'esprit bien plus qu'un simple mot de liaison, que l'on sait sous-entendu et qui, lui, au moins, est dans la logique du texte.

> Souvent sur la montagne, à l'ombre du vieux chêne,
> Au coucher du soleil, tristement *je m'assieds*.
> *Je promène* au hasard mon regard sur la plaine
> Dont le tableau changeant se déroule à mes pieds[1].

1. Lamartine, *L'Isolement.*

Les mots « je m'assieds » et les mots « je promène » peuvent être aisément reliés par le mot *mais* : Ma personne est assise, *mais* mon regard, lui, se promène. Le simple mot *mais* répété mentalement, à ce relais, suffira pour retrouver la liaison qui est une liaison d'opposition.

Voici maintenant quelques exemples empruntés en partie aux anciens mnémonistes et notamment à Aimé Paris et aux frères Castilho, choisis parmi les transitions peu ménagées de l'*Art Poétique* de Boileau :

> Craignez d'un vain plaisir les trompeuses amorces,
> Et consultez longtemps votre esprit et *vos forces*.
> *La nature* fertile en esprits excellents,
> Sait entre les auteurs partager les talents
>
> . . . .

Pour relier *vos forces*, avec *la nature*, cette simple phrase répétée mentalement suffit : « qui vous a donné vos forces ? La nature. »

> Ainsi tel . . . .
> Court avec Pharaon se noyer *dans les mers*.
> *Quelque sujet* qu'on traite ou plaisant ou sublime,
> Que toujours le bon sens s'accorde avec la rime.

Phrase de liaison : « Il ne faut pas se noyer *dans les mers, quelque sujet* de désespoir qu'on ait. »

> Mais lorsqu'on la néglige (la rime), elle devient rebelle ;
> Et pour la rattrapper, le sens *court après elle* ;
> *Aimez donc la raison.* . . . .

Phrase de liaison : « La raison récompense

celui qui *court après* elle ; aimez donc la raison. »

. . . .
> Fuyez de ces auteurs l'abondance stérile,
> Et ne vous chargez point d'un *détail inutile*,
> Tout ce qu'on dit de trop est fade et rebutant.

Phrase de liaison : « Qu'est-ce qu'un *détail inutile ? Tout ce qu'on dit de trop.* »

Quelquefois, au lieu de recourir aux mots des phrases de liaison, j'estime qu'on peut avoir bénéfice à faire appel tout simplement à la mémoire purement automatique, en répétant plusieurs fois, sans interruption et en fixant ainsi dans le souvenir la succession des mots formant la fin de la période envisagée et le commencement de la suivante :

> Je viens selon l'usage antique et solennel
> Célébrer avec vous la fameuse journée,
> Où sur le mont Sina *la loi nous fut donnée.*
> *Que les temps sont changés !.....*

. . . .

Il n'est pas très difficile de fixer dans son souvenir ces mots prononcés d'une seule traite : « La loi nous fut donnée, que les temps sont changés ! » Cette phrase est assurément incohérente, mais, si vous parvenez à la retenir, la liaison se trouve faite par là même ; dans le cas contraire, faites ainsi la liaison :

« La loi nous fut donnée, que les temps ne pourront changer », ou encore : « Étant donné que les temps sont changés... »

Mais, en ce qui me concerne, j'en tiens pour la phrase incohérente plutôt que pour la phrase de liaison, car, avec cette dernière, vous risquez, au moment du débit, de dire : « Que les temps ne pourront changer », au lieu de : « Que les temps sont changés ! »

Comment retenir un texte, un livre, un discours dans sa teneur analytique. Préparation d'un discours.

Il faut d'abord vouloir et s'y essayer. Art [1] raconte « qu'un jour Pitt, le célèbre homme d'Etat anglais, plaça sur une table son fils, qui venait d'entendre un sermon dominical : Répète quelque chose de ce que le pasteur a dit, ordonna-t-il. Pour toute réponse, le futur grand adversaire de Napoléon se mit à pleurer. — Tu n'es qu'un âne ! s'écria le père. Le dimanche suivant, même mise en demeure et l'enfant, après quelques hésitations, se tira assez habilement d'affaire en quelques mots ; il eut en récompense une friandise ; mais, huit jours après, il sauta de lui-même sur son piédestal et débita un petit sermon fort bien tourné. Cette fois, l'unique friandise que le bam-

---

1. *Op. cit.*, p. 221.

bin voulut accepter fut la prédiction paternelle :
« C'est toi qui plus tard seras le célèbre Pitt! ».

Mais tout le monde ne s'appelle pas Pitt. Comment ferons-nous ?

Ce que nous avons dit à l'occasion de la mémoire du mot à mot trouve son application à la mémoire simplement analytique. Il suffira de ne recourir ici qu'aux cinq premières opérations ci-dessus décrites.

S'il s'agit de l'audition d'un discours, prêter une attention particulière à l'exorde qui fréquemment annonce quelle est la proposition qui va être développée, quels sont les différents points qui vont être abordés.

Un procédé recommandé par M. Germery, pour retenir le plus possible d'un discours entendu, consiste, avant la séance, à examiner soigneusement les différents détails du local dans lequel va être prononcé ce discours, d'y choisir des points de repère d'après la méthode, qui nous est connue, des localités et d'associer les idées principales du discours avec les points de repère choisis. C'est tout à fait judicieux et recommandable.

On peut également recourir à une représentation mentale d'un tableau du genre de celui qui est reproduit *supra* p. 129.

Un autre et excellent moyen de graver les paroles d'un discours ou d'une conversation entendue, c'est, dit Atkinson, de se répéter tout bas ou mentalement les paroles entendues au fur et à mesure qu'on les entend. Perçues par l'oreille une fois, répétées une seconde fois par nous-même, leur souvenir se renforce tout à la fois du chef de la répétition et du chef de la mise en mouvement de deux sens différents pour la même impression.

La façon dont est dit un discours est d'ailleurs pour beaucoup dans la facilité et la durée du souvenir qu'il laisse chez l'auditeur. « Quand un discours est bien dit, à la perfection du discours s'ajoute celle de la diction, de l'organe, du geste de l'orateur, l'impressionnabilité de celui qui l'écoute étant prise par une foule de côtés à la fois[1] ».

Quant à retenir le contenu d'un discours à une seule audition ou la teneur d'un livre à une seule lecture, c'est une pure utopie. Le plus sûr moyen d'en retenir la substance c'est de lire la plume à la main, en prenant des notes aussi brèves et concises que possible, car les longues analyses lassent et il est bien rare que l'expérimenteur, fatigué par la lenteur d'un pareil travail, n'y renonce pas purement et simplement. L'art de prendre des notes n'est pas donné à tout le monde, mais il s'acquiert et l'essentiel est de dégager l'idée direc-

____
1. Rolin, *op. cit.*, V, p. 38.

trice de l'abondance des détails et des digressions accessoires.

Il importe d'acquérir l'habitude d'enrober ses pensées dans des mots indicateurs; avec ces mots, l'on constitue une chaine, en intercalant entre eux des mots de liaison selon le procédé qui nous est connu.

Chacun contracte ses habitudes personnelles en ce qui concerne la façon de prendre des notes. Le principal est d'en prendre, mais il est une façon de résumer qui est particulièrement fructueuse, c'est de procéder à la confection de schémas, quand le sujet s'y prête et aussi à l'établissement de tableaux synoptiques, notamment de tableaux disposés selon les indications données *supra* p. 154. La confection d'un tableau exige un art tout particulier, mais il ne suffit pas de le confectionner, il convient de se l'assimiler; à cet effet, une fois qu'on aura donné au tableau une forme à peu près satisfaisante, on le recopiera avec un grand soin et autant que possible tout entier sur une même feuille, pour ne pas dérouter l'attention et faire perdre ainsi au tableau la seule raison d'être que lui donne son étymologie : une vue d'ensemble. Ensuite on essaiera de le reproduire de mémoire[1].

---

1. Germery, *op. cit.* p. 117.

La préparation d'un discours à prononcer comporte les mêmes opérations que le travail d'assimilation d'une œuvre d'autrui. J'estime qu'il y a grand profit, pour l'orateur, à disposer ses idées, dans l'ordre où elles doivent se dérouler, sur les cases d'un tableau du modèle reproduit *supra* p. 154 ou encore d'associer ses idées, d'après la méthode des localités, avec les différentes sous-localités devant se trouver sous ses yeux dans l'endroit où il parlera.

Chacun procède selon sa tournure d'esprit personnelle ; quel que soit d'ailleurs le procédé auquel on recourra, il faut bien le redire pour terminer, la répétition, telle que l'on s'est efforcé, au cours de cette étude, d'en préconiser l'exercice, la répétition attentive, attentive aux rapports des idées et des mots représentatifs de celles-ci, la répétition, dis-je, sera toujours la condition *sine qua non* de la persistance du souvenir. Il n'est de mémoire qui ne demande à être, de temps en temps, *rafraîchie*. Par la répétition périodique, à intervalles si éloignés soient-ils les uns des autres, le souvenir restera fidèle. Le jeune Gargantua, nous dit Rabelais, avait étudié le *de modis significandi* et « le sceut si bien que, au coupelaud[1], il le rendait par cueur à revers. » Voilà bien un

---

1. A l'examen.

exercice d'acrobatie auquel le lecteur, même après avoir lu ce qui précède, ne sera sans doute pas tenté de se livrer et personne n'a pareille prétention. Le jeune Gargantua n'y était arrivé, il est vrai, qu'après « dix-huict ans et unze mois » passés sur le *de modis significandi*. Au fait, le véritable secret de la mémoire consiste peut-être à répéter les notions à retenir pendant *dix-huict ans et unze mois*.

FIN

TABLE ANALYTIQUE DES MATIÈRES

2712 — Paris. — Imp. Hemmerlé et Cⁱᵉ. (2-19)

2° PSYCHOLOGIE ET PHILOSOPHIE

AVENEL (Vicomte Georges d'). Le Nivellement des Jouissances.

BALDENSPERGER (F.), chargé de cours à la Sorbonne. La Littérature.

BELLET (Daniel), professeur à l'Ecole libre des Sciences politiques. Le Mépris des lois et ses conséquences sociales.

BERGSON, POINCARÉ, Ch. GIDE, Etc., Le Matérialisme actuel (8° mille).

BINET (A.), directeur de Laboratoire à la Sorbonne. L'Ame et le Corps (10 mille).

BINET (A.). Les idées modernes sur les enfants (15° mille).

BOHN (Dr G.). La Naissance de l'intelligence (40 figures) (6° mille).

BOUTROUX (E.), de l'Institut. Science et Religion (18° mille).

CRUET (J.), avocat à la c° d'appel. La Vie du Droit et l'impuissance des Lois (5° m.).

DAUZAT (Albert), docteur ès lettres. La Philosophie du Langage (4° mille).

DROMARD (Dr G.). Le Rêve et l'Action.

DUGAS (L.), agrégé de Philosophie. La Mémoire et l'Oubli.

DWELSHAUVERS (Georges), professeur à l'Université de Bruxelles. L'Inconscient (5° m.).

GAULTIER (Paul). Leçons morales de la guerre.

JUIGNEBERT (C.), chargé de cours à la Sorbonne. L'Evolution des Dogmes (6° m.).

HACHET-SOUPLET (P.), directeur de l'Institut de Psychologie. La Genèse des Instincts.

HANOTAUX (Gabriel), de l'Académie française. La Démocratie et le Travail (7° mille).

JAMES (William), de l'Institut. Philosophie de l'Expérience (9° mille).

JAMES (William). Le Pragmatisme (8° m.).

JAMES (William). La Volonté de Croire (6° m.)

JANET (Dr Pierre), de l'Institut, professeur au Collège de France. Les Névroses (8° m.)

JULLIOT (Ch.). L'Éducation de la Mémoire

LE BON (Dr Gustave). Psychologie de l'Éducation (22° mille).

LE BON (Dr Gustave). La Psychologie politique (14° mille).

LE BON (Dr Gustave). Les Opinions et les Croyances (12° mille).

LE BON (Dr Gustave). La Vie des Vérités (9° mille).

LE BON (Dr Gustave). Enseignements Psychologiques de la Guerre (31° mille).

LE BON (Dr Gustave). Premières Conséquences de la Guerre (24° mille).

LE BON (Dr Gustave). Hier et Demain Pensées brèves (10° mille).

LE DANTEC. Savoir! (9° mille).

LE DANTEC. L'Athéisme (15° mille).

LE DANTEC. Science et Conscience (8° m.)

LE DANTEC. L'Égoïsme (11° mille).

LE DANTEC. La Science de la Vie (6° m.).

LEGRAND (Dr M.-A.). La Longévité.

LOMBROSO. Hypnotisme et Spiritisme (8° mille).

MACH. La Connaissance et l'Erreur (5° m.)

MAXWELL. Le Crime et la Société (5° m.)

PICARD (Edmond). Le Droit pur (6° mille).

PIERON (H.), M° de Conf° à l'Ecole des H^{tes}-Etudes. L'Evolution de la Mémoire (5° mil.)

RAGEOT (Gaston), professeur de philosophie. La Natalité, ses lois économiques et psychologiques.

REY (Abel), professeur agrégé de Philosophie. La Philosophie moderne (12° mille).

VASCHIDE (Dr). Le Sommeil et les Rêves (5° mille).

VILLEY (Pierre), professeur agrégé de l'Université. Le Monde des Aveugles (4° m.).

Bibliothèque de Philosophie scientifique

DIRIGÉE PAR LE Dr GUSTAVE LE BON

1° SCIENCES PHYSIQUES ET NATURELLES

BACHELIER (Louis), Docteur ès sciences. Le Jeu, la Chance et le Hasard (4e mille).

BELLET (Daniel), profr à l'École des Sciences politiques. L'Évolution de l'Industrie.

BERGET (A.), professeur à l'Institut océanographique. La Vie et la Mort du Globe (7e m.).

BERGET (A.). Les problèmes de l'Atmosphère (27 figures) (4e mille).

BERTIN (L.-E.), de l'Institut. La Marine moderne (66 figures) (5e mille).

BIGOURDAN, de l'Institut. L'Astronomie (50 figures) (6e mille).

BLARINGHEM (L.). Les Transformations brusques des êtres vivants (59 figures). (5e mille).

BOINET (Dr), profr de Clinique médicale. Les Doctrines médicales (7e mille).

BONNIER (Gaston), de l'Institut. Le Monde végétal (230 figures) (11e mille).

BONNIER (Dr Pierre), Défense organique et Centres nerveux.

BOUTY (E.), de l'Institut. La Vérité scientifique, sa poursuite (5e mille).

BOUVIER (E.-L.), membre de l'Institut. La Vie Psychique des Insectes.

BRUNHES (B.), professeur de physique. La Dégradation de l'Energie (8e mille).

BURNET (Dr Etienne), de l'Institut Pasteur. Microbes et Toxines (71 fig.) (6e mille).

CAULLERY (Maurice), professeur à la Sorbonne. Les Problèmes de la Sexualité (4e m.)

COLSON (Albert), professeur à l'École Polytechnique. L'Essor de la Chimie (6e m.)

COMBARIEU (J.), chargé de cours au collège de France. La Musique (12e mille).

DASTRE (Dr A.), de l'Institut, professeur à la Sorbonne. La Vie et la Mort (16e mille).

DELAGE (Y.), de l'Institut et GOLDSMITH (M.). Les Théories de l'Evolution (8e mille).

DELAGE (Y.), de l'Institut et GOLDSMITH (M.), La Parthénogénèse (4e mille).

DELBET (P.), professeur à la Fté de Médecine Paris. La Science et la Réalité (4e m.).

DEPÉRET (C.), de l'Institut. Les Transformations du Monde animal (7e mille).

ENRIQUES (F.). Les Concepts fondamentaux de la Science.

GRASSET (Dr). La Biologie humaine (7e m.).

GUIART (Dr). Les Parasites inoculateurs de maladies (107 figures) (5e mille).

HÉRICOURT (Dr J.). Les Frontières de la Maladie (9e mille).

HÉRICOURT (Dr J.). L'Hygiène moderne (12e mille).

HÉRICOURT (Dr J.). Les Maladies des Sociétés.

HOUSSAY (F.), professeur à la Sorbonne. Nature et Sciences naturelles (7e mille).

JOUBIN (Dr L.), professeur au Muséum. La Vie dans les Océans (45 figures) (6e mille).

LAUNAY (L. de), de l'Institut L'Histoire de la Terre (12e mille).

LAUNAY (L. de), de l'Institut. La Conquête minérale (5e mille).

LE BON (Dr Gustave). L'Évolution de la Matière, avec 53 figures (33e mille).

LE BON (Dr Gustave). L'Évolution des Forces (42 figures) (19e mille).

LECLERC DU SABLON (M.). Les Incertitudes de la Biologie (24 figures) (4e mille).

LECORNU (Léon), membre de l'Institut. La Mécanique.

LE DANTEC (F.). Les Influences Ancestrales (13e mille).

LE DANTEC (F.). La Lutte universelle (10e m.)

LE DANTEC (F.). De l'Homme à la Science (8e mille).

MARIEL, directeur de *La Nature*. L'Évolution souterraine (80 figures) (2e mille).

MEUNIER (S.), professeur au Muséum. Les Convulsions de la Terre (35 fig.) (5e m.).

MEUNIER (S.), professeur au Muséum. Histoire géologique de la Mer.

OSTWALD (W.). L'Évolution d'une Science, la Chimie (8e mille).

PERRIER (Edm.), memb. de l'Institut, direct. du Muséum. A Travers le Monde vivant (5e m.)

PERRIER (Edm.), memb. de l'Institut, direct. du Muséum. La Vie en action (4e m.).

PICARD (Emile), de l'Institut, professeur à la Sorbonne. La Science moderne (12e mille).

POINCARÉ (H.), de l'Institut, profr à la Sorbonne. La Science et l'Hypothèse (31e mille).

POINCARÉ (H.). La Valeur de la Science (24e mille.)

POINCARÉ (H.). Science et Méthode (15e m.).

POINCARÉ (H.). Dernières Pensées (12e m.)

POINCARÉ (Lucien), dr au Mre de l'Instruction publique. La Physique moderne (18e m.).

POINCARÉ (Lucien). L'Électricité (14e mille)

RENARD (Cal). L'Aéronautique (68 figures) (6e mille).

RENARD (Cal). Le Vol mécanique. Les Aéroplanes (121 figures).

ZOLLA (Daniel), professeur à l'École de Grignon. L'Agriculture moderne (6e m.).

PSYCHOLOGIE, PHILOSOPHIE ET HISTOIRE
Voir la liste des ouvrages parus pages 2 et 3 de la couverture.

3978. — Paris. — Imp. Hemmerlé et Cie. — 9-19.

www.ingramcontent.com/pod-product-compliance
Lightning Source LLC
LaVergne TN
LVHW020125060726
842526LV00004B/1271